ANHANG zum Buch

Dieser Anhang liefert etwas tiefer gehende Erläuterungen zu den einzelnen Kapiteln des Buches von

Bernhard Weßling

Was für ein Zufall!
Über Unvorhersehbarkeit, Komplexität und das Wesen der Zeit

Springer Nature 2022

Dieser Ausdruck ist eine geringfügig für Zwecke des besseren Drucks umformatierte Version der auf

https://link.springer.com/gp/book/9783658377540 online verfügbaren Fassung des Anhangs. Auf den folgenden drei Seiten werden zunächst die Kapitel des eigentlichen Buches kurz zusammengefasst und eingeführt, danach ist das Inhaltsverzeichnis mit den einzelnen Anhängen von 1 – 15 zu finden.

ISBN 9783756221172
verantwortlich für den Inhalt: Dr. Bernhard Weßling
Am Wischhof 38a
22941 Jersbek

email bernhard@bernhard-wessling.com

Herstellung und Verlag: BoD – Books on Demand, Norderstedt

Kurzeinführungen in die einzelnen Kapitel

Vorwort
Ein Überblick über die Fragestellungen, die im Buch behandelt werden. Es wird um komplexe Strukturen und Wechselwirkungen in dynamischen Systemen gehen. Wir werden in Biochemie, Evolution, Kolloidchemie und -physik, in Astronomie, Kosmologie, Quantenphysik und Philosophie hineinschauen. Zugleich ist das Buch eine erste qualitative Heranführung an die Grundzüge der Nicht-Gleichgewichts-Thermodynamik.

Kapitel 1: Der Zufall nimmt seinen Lauf
Der Autor schildert zahlreiche Zufälle, die seinen Weg in die Wissenschaft, in die Grundlagenforschung öffnen, in einem kleinen Unternehmen, das er schon sehr früh als Geschäftsführer und Gesellschafter verantwortet. Diese Zufälle führen ihn immer tiefer in wissenschaftlich zuvor wenig beachtete Gebiete. Dort warten überraschende Phänomene auf ihre Entdeckung.

Kapitel 2: Der Zufall ist überall
Anhand von zahlreichen Beispielen aus der neueren Zeit (Corona-Pandemie), der wissenschaftlichen Forschung, der Technologie, der Wirtschaft, der Geschichte und der Politik kann man erkennen: Es sind die sogenannten *essenziellen Zufälle*, die den Lauf der Geschichte bestimmen, und das in allen Aspekten des Lebens und der Natur, v. a. der Evolution. Wir beschäftigen uns auch mit bisher von anderen Autoren aus Physik und Philosophie vorgelegten Erklärungen über die Ursachen des Zufalls. Davon abgegrenzt wird der *essenzielle Zufall*.

Kapitel 3: Kreativität ist Zufall im Gehirn
Zufall findet ständig auch in unserem Gehirn statt. Es gibt ernstzunehmende wissenschaftliche Erkenntnisse, die „Zufallsgeneratoren im Gehirn" nahelegen. Vielen teilweise berühmten Menschen sind grundsätzliche Erkenntnisse, Entdeckungen und Erfindungen im Traum oder in Situationen gelungen, in denen sie nicht bewusst über das zu lösende Problem nachdachten. Dem Autor gelang die Auflösung eines rätselhaften und zuvor unbekannten Phänomens ebenfalls in einer Situation, in der systematisches logisches Denken nicht möglich war. Auch das Phänomen der Improvisation, vor allem bekannt aus der Jazzmusik, ist nachweislich nur möglich, wenn Kontrollmechanismen des Gehirns wie im Traum ausgeschaltet sind, so dass der Zufall freien Lauf hat.

Kapitel 4: „Gleichgewicht ist gut, Nicht-Gleichgewicht ist schlecht" – stimmt das?

Die bisher weit verbreiteten Vorstellungen von *Gleichgewicht* werden diskutiert, auch der Begriff *Fließgleichgewicht*. Auf leicht verständliche Weise wird die Entropie erklärt und wieso trotz des 2. Hauptsatzes der Thermodynamik („stetiger Anstieg der Entropie im Universum") komplexe Strukturen entstehen können. Damit lernen wir die Grundzüge der Nicht-Gleichgewichts-Thermodynamik kennen. Wir verstehen, dass alles um uns herum und wir selbst Nicht-Gleichgewichts-Systeme mit dissipativen Strukturen sind. Sonst wäre auch Mayonnaise nicht steif. „*Gleichgewicht* bedeutet für Organismen Tod und Verfall." (Ludwig von Bertalanffy, Begründer des Begriffes *Fließgleichgewicht*)

Kapitel 5: Fast an der Wissenschaft verzweifelt

Erstaunlicherweise ist die Nicht-Gleichgewichts-Thermodynamik an Universitäten und im Studium kaum präsent, geschweige denn sonst in der Gesellschaft. Dies, obwohl die Begründung für den Nobelpreis 1978 an Ilya Prigogine klar darlegt, wie wichtig diese Theorie für das grundlegende Verständnis unserer Welt ist. Den meisten revolutionär neuen Erkenntnissen der Wissenschaft erging es ähnlich. Ganz anders war die viel kompliziertere Relativitätstheorie schnell anerkannt und steht seither oft und auf vielfältige Weise im Zentrum auch populärwissenschaftlicher Artikel und Bücher. Für die unterschiedliche Akzeptanz neuartiger Ideen hat Thomas Kuhn eine Erklärung in seinem Buch *Die Struktur wissenschaftlicher Revolutionen* vorgelegt: das *Paradigma*, auf dessen Basis die Wissenschaftler arbeiten.

Kapitel 6: Die Geburt des Zufalls in komplexen Systemen

Anhand charakteristischer Beispiele aus der Biologie (Biochemie, Evolution), dem Wetter, Klimageschehen, komplexen Netzwerken und der Kosmologie („Urknall") wird die Dynamik und Nicht-Linearität von Nicht-Gleichgewichts-Systemen näher beleuchtet. Es wird klar, dass höhere Organisationsebenen der Materie ihre eigenen, im Vergleich zu niedrigeren Ebenen neue Gesetze entwickeln. *Emergenz* von Eigenschaften und Gesetzen ist ein wichtiger Aspekt. Das *nicht-lineare* Verhalten dieser komplexen Systeme ist die Ursache für das Auftreten des Zufalls. Abschließend erklärt uns das Phänomen der *Dekohärenz*, warum die Quanten (Elementarteilchen) mit ihrer Unbestimmtheit den Zufall in der makroskopischen Welt nicht bewirken können.

Kapitel 7: Was fließt da, wenn die Zeit fließt, und wohin fließt sie?
Zuerst wird diskutiert, was verschiedene Physiker über die Zeit denken: Ist sie eine Illusion? Bedeutet die Zeitlosigkeit der Quanten, dass es die Zeit nicht gibt? Kann sich der Zeitpfeil umkehren? Leben wir in einem von vielen Universen? Wir denken dann darüber nach, was die Formulierung „die Zeit vergeht" bedeuten könnte. Es wird erläutert, dass die Zeit nicht *fließen* und nicht *vergehen* kann. Schließlich wird eine neuartige Hypothese vorgestellt, die die Zeit als emergentes Phänomen durch den Fluss der Entropie beschreibt. Diese neue Hypothese ist experimentell überprüfbar.

Kapitel 8: Unsere Wahrnehmung der Zeit
Es ist wichtig zu verstehen, dass unsere Wahrnehmung nichts damit zu tun hat, was das Wesen der Zeit ist, ebensowenig wie unsere Wahrnehmung von Farbe etwas mit der Natur des Lichts oder die von Klang mit der Natur des Schalls. Wir lernen kennen, wie der Körper Rhythmen organisiert, was für *Uhren* die Zellen haben und wie und wo das Zeitempfinden im Gehirn stattfindet. Zum Schluss wird erläutert, warum viele Menschen im Alter die Zeit als immer schneller *vergehend* empfinden. Eine enge Verbindung zum Wesen der Zeit (siehe Kapitel 7) wird deutlich.

Schlussbemerkungen
Kurze zusammenfassende Diskussion.

In den folgenden Kapiteln des Anhangs wird es ebenfalls allgemeinverständlich zugehen. Ich habe nicht vor, Sie mit diesen Texten zu Experten der verschiedenen Fragestellungen zu machen. Wir steigen aber ein kleines bisschen tiefer ein als im Buch. Diejenigen unter Ihnen, die noch tiefer gehen und tatsächlich die wissenschaftlichen Details kennenlernen wollen, verweise ich auf die zahlreichen Literaturhinweise. Dort können Sie wissenschaftliche Artikel finden sowohl von mir als auch von anderen Autoren; besonders natürlich von den führenden Nicht-Gleichgewichtsthermodynamikern wie Ilya Prigogine, Grégoire Nicolis, Werner Ebeling oder Rainer Feistel, aus deren Veröffentlichungen ich auch zitiert habe.

Inhaltsverzeichnis

Anhang 1: Die Lösung der ersten großen Reklamationsfälle

Zunächst musste ich verstehen, wie Schallplatten produziert werden. Aus Metall werden zwei Matrizen (Oberseite und Unterseite) hergestellt, die als Negativ die Rillenstruktur enthalten, die die Schallplatte haben soll, damit über die Nadel die Musik abgespielt wird. Die Schallplattenpressmasse (das Granulat) wird durch einen kleinen Extruder zu einem hochviskosen „Kuchen" erhitzt und geformt: eine knapp zwei Zentimeter dicke runde Scheibe mit einem Durchmesser von etwa zehn Zentimetern und etwas mehr als einhundert Gramm Gewicht (wenn es für eine Langspielplatte ist). Diese wird zwischen die beiden Matrizen, die auf einer Basisplatte und einem Stempel einer Presse festgemacht sind, gelegt. Die Presse fährt zu, presst die Scheibe zur Schallplatte aus, Kühlschlangen in der Presse kühlen die Masse schnell herunter, fertig ist die Beethoven-Sinfonie auf der Schallplatte.

Kratzer können auf der Matrize (die dann unbrauchbar geworden ist) entstehen, wenn im Presskuchen harte Teilchen enthalten sind, die an die Oberfläche des Kuchens gelangen und so beim Auspressen direkt die Matrize ankratzen.

Als Nächstes fand ich erstmals in meinem Leben heraus, dass viele Menschen nicht systematisch, nicht analytisch an ein Problem herangehen, sondern, ausgehend von der Illusion „Ich weiß, woran das liegt!" oder von der Idee „Wir könnten doch schnell mal probieren, ob ...", irgendetwas tun und orientierungslos herumprobieren.

Es gab alle möglichen Vorschläge dazu, wie man herausfinden könnte, wo die Verunreinigungen herkamen. Die meisten beruhten darauf, zu versuchen, eine

Tonne Material auf die eine, eine andere Tonne Granulat auf eine andere Weise herzustellen und zu testen. Dem Leser mag es merkwürdig erscheinen, warum es so schwierig sein sollte, die Quelle einer Verunreinigung zu finden, aber wenn man sich anschaut, wie die Produktion ablief, ist es ziemlich klar.

Wir hatten acht Silos, die je vierzig Tonnen PVC-Pulver unterschiedlicher Type lagern konnten. Von den Silos führten Hunderte von Metern Rohrleitungen zu vier verschiedenen Mischern, die die Pulvermischungen mit all den Komponenten vorbereiteten, die ihrerseits vier verschiedene Extruder beschicken konnten, in denen wir die Schallplattenpressmassen erschmolzen und granulierten. Dazu sollte man berücksichtigen, dass wir als die weltweite Nr. 2 in diesem Markt im Jahr 8.000 Tonnen an Schallplattenpressmassen produzierten. Nur wenige Jahre zuvor waren es noch 14.000 Tonnen gewesen. Wir exportierten in sehr viele Länder der Erde. Daher kamen nun auch die Reklamationen: aus Brasilien, Japan und Südafrika, aus England, Frankreich und den USA. Pro Auftrag lieferten wir zwischen 20 und 100 Tonnen. Das sind eine Menge Aufträge, eine Menge unterschiedlicher Rohstoffe, Rezepte, Produktionsabläufe und noch mehr Möglichkeiten, wo die Verunreinigungen herkommen konnten. Zumal unbekannt war, was es für Verunreinigungen waren.

Die Aufzeichnungen, welche Rohstoffe wann von welchem Silo (oder aus Sackware) über welche Rohre in welche Mischer für welchen Auftrag abgerufen worden waren, waren nicht einmal *lückenhaft*. Es gab noch keine Computer, und so wurde alles nur handschriftlich dokumentiert, wenn es denn aufgeschrieben wurde. Jedenfalls konnten wir aus den Produktionsprotokollen und Reklamationen keinerlei auch nur nebulöse Ideen extrahieren, woher die Verunreinigungen kommen könnten.

Die Zipperlinge wollten mal dieses, mal jenes testen. Der Produktionsleiter schlug mir („Sie sind doch Chemiedoktor!") vor, ich solle eine gewisse Menge PVC auflösen, abfiltrieren und schauen, was ich da fände. Ich rechnete ihm vor, wie viele Tonnen PVC aus acht Silos ich auflösen und filtrieren müsste, mit wie vielen hundert Tonnen an Lösemitteln, um genügend Material für eine Analyse zu sammeln. Denn ich hatte eine erste Abschätzung gemacht, wie viele Teilchen es pro Tonne sein konnten. Verschwindend wenig, aber genug, um immer mal nach zwei, drei, zwanzig oder hundert Pressungen (anstatt nach einigen tausend) die Matrize zu zerstören. Und um filtrierbare Lösungen der verschiedenen PVC-Roh-stoffe zu erhalten, hätte die Konzentration am besten nur bei einem Prozent liegen müssen. Ganz abgesehen davon, dass die Quelle der Verunreinigungen gar nicht in den PVC-Rohstoffen liegen musste, sondern auch irgendwo in den Rohren, Ventilen, Weichen und Luftfiltern der Absaugung liegen konnte. Oder in einem der übrigen vielen Zusatzstoffe.

Stattdessen wollte ich systematisch analysieren. Wir hatten eine Schallplatten-presse im Qualitätskontrolllabor. Ich veranlasste, dass mir Matrizen gebracht wurden, die soeben einen Kratzer bekommen hatten. Ich hatte große Schwierig-keiten, dieses durchzusetzen: Sie sollten aus *allen* Produktionschargen Testpres-sungen machen und, sobald ein Kratzer auftrat (also nach jeder Pressung nach-schauen! Nicht weiterpressen!), diese Matrize zur Seite legen, für mich.

Gleichzeitig suchte ich nach einem Elektronenmikroskop und fand ein privates Institut. Da die Aufgaben, die ich den Mitarbeitern bei Zipperling gegeben hatte, sehr zeitraubend waren, konnte ich erst im Januar anfangen, dort mit dem Raster-Elektronenmikroskop (REM) auf die Matrizen zu schauen. Aber immerhin hatten wir diese Vorarbeiten gemacht. Ich wollte, wenn es einen Kratzer gab, diesen im

Elektronenmikroskop bei hoher Vergrößerung (2.000- oder 10.000-fach) verfolgen. Dann hoffte ich, die Reste eines Teilchens zu erwischen. Diese könnte ich dann mittels Röntgenstrahlen (die man im REM auf kleine Stellen fokussieren kann) zu analysieren und herausfinden, was es war. Aus der Zusammensetzung ließe sich *vielleicht* schlussfolgern, wo es herkommen könnte.

Stunden um Stunden, Tage um Tage und viele Nächte verbrachte ich am REM. Der Elektronenmikroskopiker rauchte eine Zigarette nach der anderen, was mir unangenehm war, aber was sollte ich machen? Noch gab es kein Gesetz, das Rauchen am Elektronenmikroskop verbot, zumal er der Hausherr war. Bis Mitternacht, manchmal weit darüber hinaus verfolgten wir Kratzer, sammelten Indizien, fanden aber nicht den Durchbruch – bis ich eines Nachts die Charakteristika einer Stoffzusammensetzung sah, die mir etwas sagte und die zusammen mit den unvollständigen Analysen der vielen Tage und Stunden zuvor ein stimmiges Bild ergab. Ich sagte zum Institutschef, der sein Institut allein betrieb: „Danke, ich weiß jetzt, was es ist." Aus den nun endlich vollständigeren Produktionsprotokollen der Chargen, aus denen die betreffenden Muster genommen waren, konnte ich die Quelle zuordnen.

Am nächsten Tag berief ich eine Managerversammlung ein. Ich fragte: „Wo ist kürzlich eine Epoxidhardbeschichtung in der Firma gemacht worden?" Alle schauten sich überrascht und betreten an, in den Gesichtern konnte ich lesen: „Was soll das jetzt, was hat das mit den Kratzern zu tun?" Ein Schichtmeister antwortete: „In Silo sechs."

Ich erklärte: „Okay, dann schauen wir uns Silo sechs an. Von innen." Der Produktionsleiter: „Das geht nicht, das ist noch dreiviertel voll." Ich: „Dann muss es geleert werden, wie auch immer." Er: „Das ist doch totaler Schwachsinn!"

Aber ich bestand darauf. Wolfgang C. Petersen entschied, mir zu vertrauen. Das Silo, mit etwa dreißig Tonnen Restinhalt, wurde in einen extra herbeigeorderten Silowaggon der Bundesbahn entleert, die sonst auch die Rohstoffe anlieferte.

Der Schichtmeister und ich bauten eine lange Leiter, die wir von der Feuerwehr ausgeliehen hatten, auf und bestiegen innen das Silo. Sehr weit oben – ich war noch nie so hoch auf einer Leiter gewesen, geschweige denn in einem dunklen Silo, und ich war nur mit einer müden Taschenlampe bewaffnet – fand ich eine Fläche von ca. vier Quadratmetern Größe, auf der die Epoxidbeschichtung stark rau war. Sie war nicht richtig ausgehärtet. Trotzdem aber war das Silo mit PVC-Pulver beschickt worden, das beim Heruntersacken immer mal ein paar Partikel der Glasfasern und des Harzes mitnahm. Davon hatte ich schließlich winzige Spuren in den Matrizen gefunden. Ich fotografierte alles. Wir verwendeten das PVC aus Silo 6 (das nun im Silowaggon war) nicht mehr, und Zipperling reklamierte die fehlerhafte Beschichtung. Aufgrund der Produkthaftpflichtversicherung des Beschichters konnten wir alle Reklamationskosten erstattet bekommen, die Reklamationen waren augenblicklich vorüber, der Konkurs war abgewendet. Vorerst.

Zunächst einmal musste auch noch das grässliche Gestanksproblem gelöst werden. Daran arbeitete ich zur gleichen Zeit. Auch hier ging ich systematisch vor mit detaillierten Analysen, in diesem Fall überwiegend mit Gaschromatographie. Ich wollte herauszufinden, was es für Moleküle waren, die diesen wirklich widerlichen Geruch verursachten. Ich fand schließlich heraus, dass schon Spuren bestimmter Pigmente einen oxidativen Abbau des Polyethylens bewirkten. Winzige Mengen flüchtiger Abbauprodukte reichten, um unseren Geruchssinn (und vor allem den der Kunden) in Aufregung zu versetzen. Somit war nach wenigen Wochen die unmittelbare Konkursgefahr gebannt. Außerdem hatte ich gelernt: Reklamationsuntersuchungen und -analysen sind eines der wichtigsten Instrumente, mit denen man seine Produkte (und ihre Schwächen) kennenlernt, und mit denen man zugleich die Bindung mit den Kunden festigen kann. Nämlich dann, wenn man eine Reklamation, sei sie gerechtfertigt oder nicht, sei die Ursache im eigenen Betrieb oder beim Kunden zu suchen, seriös untersucht und das Ergebnis offen und klar mit den Kunden teilt.

Anhang 2. Die Entwicklung des ersten Spezialprodukts und die erste grundlegende Erkenntnis über das Verhalten mehrphasiger Polymermischungen

Teil 1: Das erste Spezialprodukt, eine Problemlösung für einen Chemiekonzern

Die Leser mögen sich bitte einmal vorstellen: Ich war wenige Monate zuvor mit meiner Familie hier angekommen. Wir hatten zwei kleine Kinder, 1 und 2 ½ Jahre alt. In Düsseldorf hatte ich nur ein Jahr zuvor ein altes, heruntergekommenes Haus gekauft, hatte es renoviert, wir waren ausgezogen, als auch der letzte Kellerraum fertig und mein jüngerer Sohn knapp ein Jahr alt war. Das Haus vermietete ich an eine andere junge Familie. Der Vater war Werbeberater. Ich hatte fast zwei Monate vor Vertragsbeginn die Aufgabe übernommen, zwei existentiell gefährliche Reklamationen zu bearbeiten, und dann gelöst, und nun Kurzarbeit! Wieder drohte der Konkurs. Es gab einfach nicht genug Aufträge, wir waren eigentlich am Ende. Das Eigenkapital war verbraucht, das wusste ich aber zu dem Zeitpunkt noch nicht. Ich sagte zu meinem Geschäftsführer: „Kurzarbeit lässt sich wohl nicht vermeiden, aber wenn, dann nicht für mein Labor." Ich überzeugte ihn, dass das Labor eher Überstunden machen müsse als Kurzarbeit, um Zipperling aus dem Schlamassel herauszuholen.

Er stimmte zu, doch es gab Proteste aus dem Labor: „Die anderen können sich laue Wochen machen bei fast vollem Gehalt, aber wir müssen weiterarbeiten?" Ich machte den Mitarbeitern klar, dass wir nur so die Zukunft des Betriebes und somit ihrer Arbeitsplätze sichern konnten, falls es uns überhaupt gelingen würde.

Also arbeiteten wir hart, sogar in Überstunden. Wir schafften es, ein Produkt herzustellen, das der Chemieriese (dessen unerwartete Anfrage wir bearbeiteten) nirgendwo sonst bekam. Und ich hatte mit schnellen Analysen herausgefunden, warum Versuche der Konkurrenten gescheitert waren. Die Lösung des Problems gelang mit einem Riesenaufwand und viel Geheimniskrämerei, weil ich einen Stabilisator eingebaut hatte, den der Kunde nicht kannte, nicht kennen sollte. Außerdem sollte er nicht wissen, wie wir es produzierten. Denn ich wusste, wie die Konkurrenten das Produkt, das nicht funktionierte, herstellten. Das hatte ich durch geduldig bohrende Fragerei herausgefunden. Also war mir jedenfalls schon mal klar, wie wir es *nicht* machen sollten. Das brachte mich aber sehr bald auf die Idee, wie wir es statt dessen machen konnten.

Als wir die ersten 1.000 Kilogramm Mustermenge abgeschickt hatten, kam schon zwei oder drei Tage danach der erste Auftrag über zwanzig Tonnen. Die Produktion dieser ersten Großmenge war ein Grauen. Der neue Betriebsleiter und ich waren all die vielen Stunden Tag und Nacht dabei, die ganze Zeit begleiteten wir die Produktion aktiv, dann wussten wir nach und nach, was wir verbessern mussten und konnten. Das Flammschutzkonzentrat wurde bei unserem neuen Großkunden für ein sehr großes, marktführendes Produkt eingesetzt, das in ganz Europa verkauft wurde.

Kurz darauf lieferten wir ein ähnliches Konzentrat für ein Konkurrenzprodukt eines amerikanischen Großunternehmens. Wir produzierten danach jährlich etwa 2.000 Tonnen Flammschutz-Konzentrat für diese Kunden. Sie fanden keinen weiteren Zulieferer, obwohl sie es immer wieder versuchten. Ich wusste es, weil ich die Verantwortlichen ständig besuchte und lächelte, wenn sie fragten, wie wir das machten, denn andere schafften es nicht. Es gab lange weltweit nur einen Lieferanten, das waren wir.

Tatsächlich war besonders der erste Konzern uns zu unendlichem Dank verpflichtet, und das nutzte uns sehr, denn Zipperling wurde intern bekannt, nein, berühmt: Sie hatten die Produktion umgebaut, anstelle der pulverförmigen (und daher lästigen, in Hinblick auf Arbeitsschutz aufwendigen) Flammschutz-Additive sollten Konzentrate in staubfreier Granulatform verwendet werden, die sie versuchsweise auf Labormaschinen hatten herstellen lassen. Sie hatten die gesamte Produktion mit einem Aufwand von mehreren Dutzend Millionen DM umgerüstet auf die Verwendung von Konzentraten. Nur konnten sie diese nicht im Produktionsmaßstab bekommen, und es konnte sie ihnen niemand zuliefern. Ich hatte schnell herausgefunden, warum: Bei der Herstellung baute sich das Flammschutzmittel ab, es zersetzte sich. Deshalb konnten die neuen Produktionsanlagen nicht gestartet werden, die Produkt-Lager leerten sich mit bedrohlicher Geschwindigkeit, bis wir schließlich angefragt wurden und wir das Problem lösten, gerade noch rechtzeitig. Denn das Produkt war eines der wichtigsten Endprodukte, das (über Großhandel) direkt an Verbraucher ging.

Auch für Zipperling war diese Anfrage soeben rechtzeitig gekommen … Was für ein Zusammentreffen von Zufällen. Im Verlauf der Zeit wurden fast alle großen Chemiefirmen Europas unsere Kunden, für unterschiedlichste Spezialprodukte, die für die verschiedensten thermoplastischen Polymere dieser Chemiefirmen benötigt wurden.

In diesem kritischen Projekt lernte ich die Fähigkeiten (und Grenzen) verschiedener Maschinentypen kennen, die wir zur Herstellung von Konzentraten und Compounds zur Verfügung hatten. Außerdem erfuhr ich enorm viel, ähnlich wie bei der Lösung des Gestanksproblems, über Wechselwirkungen zwischen verschiedenen Komponenten der Formulierungen.

Teil 2: Das erste Forschungsprojekt – die Entdeckung einer Viskositätsformel für mehrphasige Polymersysteme

Im Buch habe ich erklärt, warum ich mit der Vorgehensweise in der Schallplattenmassenproduktion unzufrieden war. Es war ein endloses Gefummele, für praktisch jeden Auftrag musste die Zusammensetzung neu eingestellt werden, was oft viele Tage, manchmal Wochen erforderte. Ich wollte dem Ganzen systematisch auf den Grund gehen. Meine Vorgehensweise war die folgende: Ich untersuchte zuerst die Viskosität der Schmelze der verschiedenen reinen PVC-Komponenten bei der Temperatur, bei der die Schallplatten gepresst werden. Anschließend nahm ich diese Polymere und versetzte sie unter üblichen Verarbeitungsbedingungen jeweils mit den einzelnen verschiedenen Additiven (darunter auch nicht-schmelzende Füllstoffe und bei den Verarbeitungs- und Pressbedingungen nicht schmelzende PVC-Polymere, die ebenfalls hinzugesetzt wurden), und das in unterschiedlichsten Konzentrationen. Für eine für alle Proben vergleichbaren sehr niedrige Schergeschwindigkeit berechnete ich (damals noch *manuell*) den *natürlichen Logarithmus ln* dieser verschiedensten Muster: Es waren Dutzende. Aus den vielen Werten zeichnete ich mir Grafiken.

Es zeigte sich: Jede dieser Komponenten trug zum (natürlichen) Logarithmus des Endproduktes genau entsprechend ihrem Anteil des (logarithmischen) Wertes ihrer Viskosität bei. Überraschenderweise fand ich heraus, dass ich auch den Füllstoffen und anderen nicht schmelzenden Komponenten solch einen Viskositätsbeitrag zuordnen konnte, wenn ich sie in eine schmelzende Polymerbasis einmischte[1]. Und das, obwohl sie als solche eine unendlich hohe Viskosität aufwei-

---

[1]   *Erst einige Jahre später im Verlauf meiner weiteren Forschung habe ich erkannt, dass dies eine sehr wichtige (und für die Wissenschaft komplett neue) Entdeckung war. Erst*

sen, eben weil sie auch in der Schallplattenschmelze als feinteilige Feststoffe mitfließen. Die einfache Gleichung, die ich entdeckte, hatte die Form: **ln (resultierende Viskosität) = 0,x*ln(A) + 0,y*ln(B) + 0,z*ln(C)**, wobei es auch mehr Gleichungsglieder als nur drei geben durfte, mit 0,x + 0,y + 0,z = 1, bzw. so viele Buchstaben, wie es Gleichungsglieder gab, die sich dann zu 1 aufsummierten. Dabei ist A die Viskosität der Grundmatrix, eines PVC-VA-Copolymeren[2] „A", B die scheinbare Viskosität (oder der Beitrag zum Anstieg der Viskosität) eines hinzugemischten PVC-Homopolymeren „B" und C der Beitrag eines Füllstoffs „C" zum Anstieg der Viskosität, usw. Der Clou und überraschende Effekt dieser Entdeckung war, dass das hinzugemischte Homopolymer bei der Temperatur, bei der wir die Mischung herstellten, geschweige denn bei der, bei der eine Schallplatte gepresst wurde, nicht schmolz, also eine fast unendlich hohe Viskosität aufwies. Viel drastischer galt dies für die Füllstoffe und den Ruß (der wegen der notwendigerweise schwarzen Farbe hinzugesetzt wurde): Diese schmolzen gar nicht, es sei denn, bei soundso viel tausend Grad nahe dem Erdkern. Dennoch trugen beide diese Stoffarten B und C in Form des natürlichen Logarithmus einer Viskosität zur Gesamtviskosität bei.

---

später im Zusammenhang mit meiner entstehenden grundlegenden Theorie der Dispersion verstand ich, warum auch nicht schmelzende Füllstoffe einen solchen definierten Beitrag zur Viskositätsänderung liefern. Es hatte mit den komplexen Strukturen zu tun, die sich beim Dispergieren (und danach) entwickeln, wie ich herausfand, siehe hierzu Anlage 7, Teil 2. Diese extrem überraschende und sehr gut reproduzierbare Beobachtung war somit ein erster wichtiger Baustein für das Erkenntnis-Gebäude, das ich im Verlauf der Jahrzehnte errichtete. Das konnte ich aber damals, 1982, noch nicht wissen.

[2]   *poly-vinylchlorid-vinylacetat-Copolymer*

Wie in Kapitel 3 beschrieben, schrieb ich ein einfaches Programm (die einzige Software, die ich jemals komplett allein geschrieben habe) in der Programmsprache BASIC, setzte die Daten in geordneter Form in Dateien und ließ anschließend den Rechner die Versuche innerhalb von nur wenigen Minuten machen (berechnen), für die zuvor Tage und Wochen im Labor benötigt wurden. Und es zeigte sich, dass die berechneten Formulierungen ohne jede Korrektur nach nur einem Sicherheits-Testlauf im Labor (zur Sicherheit) in die Produktion gegeben werden konnten.

Das war nur einer der Auslöser für den Beginn meiner nach und nach immer tiefer gehenden Forschung. Ich hatte mich entschlossen, diese unbekannte Wissens-Landschaft der *Dispersion* zu erkunden. Natürlich wusste ich nicht, wie ich es machen sollte. Denn im Unterschied zu einem Geographen oder Biologen, der früher unbekannte Länder oder Erdteile erkundete, indem er mit einer Expedition zu Boot, zu Pferd oder zu Fuß das Land durchstreifte, konnte ich ja nicht einfach *hineingehen* und *nachschauen*. Ich musste überhaupt erst einmal herausfinden, mit welchen Mitteln und Werkzeugen ich die Phänomene des Kunststoff-Compoundierens (also der *Vermischung* oder korrekter der *Dispersion* von thermoplastischen Polymeren mit anderen Polymeren oder Additiven und Füllstoffen) erforschen konnte.

Ich hatte inzwischen aber erkannt, dass in meiner Schallplattenmassen-Viskositätsberechnung ein Viskositätsbeitrag der nicht schmelzenden Bestandteile *nur* davon abhing, wie klein die Teilchen waren, und überhaupt nicht davon, welcher Art die Teilchen waren – egal ob anorganisch oder organisch, polar oder unpolar: Je kleiner die Partikel, umso größer war ihr Viskositätsbeitrag pro Gewichts-Anteil. Das konnte nur an der Summe der Teilchenoberflächen liegen, denn 1 Gewichts-Prozent eines Stoffes bestehend aus Teilchen mit 1 µm Partikelgröße brachte um Größenordnungen mehr Teilchen mit viel mehr Oberfläche in die Mischung ein als ein Stoff mit 10 µm Teilchengröße, aber ebenfalls 1 Gewichts-Prozent Anteil. Dies zusammen mit der Form der Gleichung (siehe oben) war eine bahnbrechende Erkenntnis, die mir nicht sofort aufging, sondern erst scheibchenweise klar wurde: Die Viskosität einer Polymermatrix wurde durch darin *dispergierte* (nicht aufgeschmolzene und nicht molekular in der Matrix verteilte) Teilchen deshalb beeinflusst, weil an den Grenzflächen zwischen der kontinuierlichen und der dispergierten Phase etwas Entscheidendes geschah, während dort die kontinuierliche Matrix (das *Dispersionsmedium*, die *Matrix*) und die dispergierten Teilchen miteinander wechselwirkten. Was das war, wusste ich noch nicht. Aber mir war klar: je kleiner die Teilchen, umso größer die in der Dispersion aktiven Grenzflächen und somit ihr Beitrag zur Viskosität der Mischung.

Nun bekam das Unerforschte ein Bild und einen Namen. Ich konnte Etappenziele beschreiben, die unerforschte „Landschaft" bekam eine erste, wenn auch sehr grobe, Landkarte. Ich wollte die Herstellung und die resultierenden Eigenschaften mehrphasiger Polymersysteme erforschen. Ich nahm mir damals vor, meine Forschung auf drei Säulen zu stellen:

1. Dispersion von Pigmenten in thermoplastischen Polymeren (wir hatten begonnen, Farbkonzentrate zu entwickeln und zu produzieren)

2. Dispersion von sogenanntem *Leitruß* in den gleichen Polymeren, um im Elektronikmarkt benötigte leitfähige, oder richtiger: antistatische, Kunststoffe liefern zu können, und

3. als Vision: Dispersion von leitfähigen Polymeren wie Polyacetylen (das leider oxidationsempfindlich war; aber konnte man vielleicht mit der Dispersion in ein gewöhnliches Polymer und dadurch mit einer Art *Umhüllung* einen gewissen Schutz vor Oxidation erzielen?[3]).

Diese drei Teilprojekte bearbeitete ich, indem ich mir überschaubare, aber von vornherein schon anspruchsvolle Ziele setzte. Ich kombinierte praktische Entwicklungsarbeiten (Kundenprojekte) aus den Säulen 1 und 2 mit langfristigeren Fragestellungen in allen dreien. Ich hatte keinerlei Vorstellung davon, ob und wann ich welche Erkenntnisse würde gewinnen können. Die Aussicht, dass es viele Jahre dauern würde, bis ich etwas Verwertbares herausgefunden haben könnte, erschreckte oder beunruhigte mich überhaupt nicht.

<u>Nachtrag:</u> Die Schallplattenmassenabteilung befand sich trotz des beschriebenen Produktivitätsfortschritts aufgrund der Berechenbarkeit der Viskosität einer neuen Zusammensetzung auf dem absteigenden Ast. Nicht wegen der CDs, die gab es damals noch nicht, sondern wegen der kleinen, kompakten Magnettonbänder, die aus Japan kommend den Unterhaltungsmusikmarkt überschwemmten. Mehr und mehr reduzierte sich der Schallplattenmarkt und somit unsere Kundschaft auf hochwertige klassische Musik, auf Langspielplatten. Eine kleine Erholung bescherte ich der todkranken Abteilung, als ich 1983 die weltweit ersten funktionierenden antistatischen Schallplattenpreßmassen erfand und patentierte.[4] Im Unter-

---

[3]   *Das erwies sich als illusorisch, ich konzentrierte mich stattdessen sehr schnell auf das etwas später entdeckte leitfähige Polymer Polyanilin, das unter Umgebungsbedingungen stabil ist.*

[4]   *B. Wessling, EP 0152546 A1, https://patents.google.com/patent/EP0152546A1/de (letzter Zugriff am 7. 2. 2022)*

schied zu früheren Versuchen, die lästige statische Aufladung der Schallplatten zu vermeiden, bildeten sich mit unserem Produkt keine Flecken auf den Schallplatten, die Wiedergabequalität war wesentlich klarer als bei herkömmlichen Compounds, und die antistatische Wirkung war langzeitstabil. Dies erreichte ich mit einem speziellen Antistatikum und einem etwas aufwendigen Herstellungsprozeß, der eine extrem gleichmäßige Verteilung des Antistatikums erlaubte. Plötzlich führten wir in diesem alten Markt eine lang ersehnte Innovation ein und lieferten sehr viel ertragreichere Spezialprodukte zur Herstellung besonders hochwertiger Schallplatten. Nur war dies sowohl für Zipperling als auch für den gesamten Markt um Jahrzehnte zu spät.

Anhang 3. Die Entwicklung eines Marketing- und Werbekonzeptes im Einklang mit der Umstellung des Produktprogramms zu einem europaweit führenden Spezialanbieter

Ich hatte bei Herrn Petersen ein Budget erstreiten können, mit dem ich mit der Werbeagentur ein erstes Konzept erstellte. Ich hatte einen Vorschlag für eine Marketingbotschaft, die mit dem, was mir für Zipperling als zukünftige Strategie vorstellte, eins-zu-eins in Einklang stand: Ich hatte erkannt, dass im Markt nahezu ausschließlich Massenprodukte verfügbar waren, aber sich kein mit uns vergleichbares Unternehmen dazu anbot, für einzelne Kunden jeweils Spezialprodukte zu entwickeln, und sei es für nur eine einmalige Produktion eines solchen Produktes. Ich wollte die Firma also zu einem Spezialbetrieb umformen, der nicht mehr von Schallplattenpressmassen und auch nicht von billigen Polyethylenfarbkonzentraten oder von den wenig ertragreichen Zuliefereraufträgen für große ABS[5]-Hersteller abhängig sein sollte, diese Produkte sollten nur als gleichbleibende Hintergrundmusik und zur Kostendeckung dienen. Stattdessen beziehungsweise mit den drei Standardproduktgruppen als Grundlage sollten Spezialprodukte, die unsere Konkurrenz nicht herstellen konnte, zunehmend unseren Umsatz stärken. Dass meine immer noch zu kleine Labortruppe sich das nicht zutraute, dass der Vizechef und Marketingdirektor und erst recht Herr Petersen Angst vor einem solchen Anspruch hatten, störte mich alles nicht. Ich war zuversichtlich, auch sehr komplizierte Spezialanfragen lösen zu können, das Flammschutzkonzentrat für das Unternehmen aus der Großchemie hatte es gezeigt.

---

[5] *„ABS" = Acrylnitril-Butadien-Styrol-Copolymer, ein technischer Kunststoff, der vor allem viel im Automobilbau und z. B. für Haushaltsgeräte, telefongehäuse und später Computer eingesetzt wurde.*

So formulierten wir, die Werbeagentur und ich, aus einer ersten Idee von mir den Satz: „Machen Sie Ihre Innovation zu unserer Aufgabe", und für englischsprachige potenzielle Kunden: „Make your innovation our problem". Dazu passend entwarf die Zeichnerin der Agentur eine Figur mit einer einfachen Strichzeichnung, die klar erkennbar einen älteren Herrn Professor im weißen Laborkittel zeigte.[6] Den stellten wir Herrn Petersen vor, zusammen mit einem Konzept, wie eine Anzeigenkampagne aussehen könnte: Ganzseitige Anzeigen mit diesem "Professor", außerdem jeweils ein Thema, mit dem wir zeigen konnten, was wir schon an Spezialitäten für diverse Kunden entwickelt hatten. Natürlich musste ich am Anfang der Kampagne, weil es noch nicht viele neue Produkte gab und das Flammschutzkonzentrat für den Chemiekonzern nicht öffentlich beworben werden durfte, viel Fantasie für jede neue Anzeige aufbringen, aber schon nach kurzer Zeit hatte ich mehr vorzeigbare Beispiele, als wir in Anzeigen verwenden konnten.

Die Kampagne schlug ein, unser seriöser, schon etwas vorgealteter Herr Professor wurde das Markenzeichen von Zipperling und signalisierte Kompetenz, die wir auch tatsächlich mehr und mehr vorweisen konnten. Wir wurden international bekannt als ein Compoundierunternehmen, das in der Lage war, komplizierte Probleme zu lösen, aufwendige und einzigartige Produkte zu entwickeln und verlässlich herzustellen.

Ich entwarf eine Strategie, die im Gegensatz zu weltweit allen anderen Konkurrenten eine Alleinstellung beschrieb:

- Nicht auf Standardprodukte zu setzen, sondern überwiegend auf spezielle Produkte für jeden einzelnen Kunden, nicht mit den Konkurrenten bei Standardprodukten über den Preis konkurrieren.

- Uns nicht auf Polyolefine wie PE oder PP zu beschränken, sondern ausnahmslos alle thermoplastischen Kunststoffe, die es im Markt gab, ins Programm aufzunehmen.

- Neben Farbkonzentraten auch Additive in hoher Konzentration anzubieten, sei es für Flammschutz, Versteifung, Verbesserung der mechanischen Festigkeit, Oberflächen matt oder glänzend zu machen, oder auch spezielle leitfähige Kunststoffe[7] oder noch speziellere Produkte für hoch anspruchsvolle Kunden[8], darunter v. a. Kombinationen solcher Eigenschaften.

---

[7] *Auf diesem Gebiet wurden wir Technologie- und Marktführer.*

[8] *Zum Beispiel wurden wir, mit zunehmender Bekanntheit, zuerst von einer sehr großen japanischen Firma angefragt, ob wir ein spezielles Produkt herstellen könnten, das in hauchdünnen Folien, die aus mehreren Lagen bestehen (zum Beispiel eine Sperrschicht und eine Trägerfolie), als „Klebschicht" noch hauchdünner aufgebracht wird. Machten wir doch gern! Anschließend fragte eine zweite japanische Firma an, ob wir für ein spezielles Schäumverfahren Granulate mit extrem kleinen Durchmesser und mit einer extrem schmalen Korngrößenverteilung herstellen könnten. Aber sicher doch! Beide Produkte, beide Extrusionsverfahren stellten allerhöchste Anforderungen an uns, sowohl in technischer, als auch in „interkultureller" Hinsicht, denn die Japaner kamen sehr häufig, haben alles nicht nur genauestens, sondern übergenau inspiziert, so dass viele Mitarbeiter mich baten, diese Produkte und Kunden abzulehnen. Ich lehnte jedes Mal ab mit der Begründung: „Wenn wir das mit den Japanern technisch und auch nach deren Qualitätsvorschriften hinbekommen, und die Manager, die uns besuchen kommen, auch hinsichtlich Kommunikation und Formalitäten zufriedenstellen können, werden wir sehr viel gelernt haben, was wir woanders auch brauchen können, nur so werden wir Weltklasse." Wir wurden Weltklasse.*

So hatte es eine Kette von Zufällen im Zusammenwirken mit meinem Bestreben, mögliche Weggabelungen aufzufinden und dann dort entscheiden zu können, wohin weiter, bewirkt, dass ich fast dort angekommen war, wo ich hinwollte: In ein Labor eines kleinen, überschaubaren Unternehmens, in dem ich einerseits gefordert war, entscheidende Beiträge für dessen positive Entwicklung (in meinem Fall sogar für dessen Existenz) zu leisten. In dem ich andererseits alle Freiheiten hatte, so zu arbeiten, wie ich es für richtig hielt – natürlich in Abstimmung mit Mitarbeitern und den Verantwortlichen der anderen Bereiche, auch wenn wir zu dem Zeitpunkt in der Firma nicht einmal 50 Leute waren. Was für eine Kette an Zufällen! (mehr Details sind im Buch zu finden)

- Ich fange jetzt nicht wieder beim dummen Zufall meiner Zeugung an, sondern springe ins Abiturjahr: Das Treffen mit dem Biochemieprofessor, der mir abriet, in Tübingen zu studieren; und meine Entscheidung für Chemie.

- Nach der Promotion aufgrund der europaweiten Krise der Chemieindustrie der Aushang am Schwarzen Brett und meine Bewerbung bei dem Dreimann-Ingenieur-Beratungsunternehmen in Düsseldorf, wo ich als Chemiker gesucht war, aber nur Beratung machen sollte.

- Meine Suche nach einem Entwicklungsprojekt, das zufällige Auffinden des Themas „Füllstoffe in Kunststoffe einarbeiten" (= mein bedauerlicher (?) Absprung aus der Biochemie in die Kunststofftechnologie), das Zusammentreffen mit einem geeigneten Ingenieur, um die erforderliche Hardware bauen zu können.

- Die weltweite Ölkrise, für die mein neues Produkt genau das richtige war, was einen Investor anlockte und erste interessierte Kunden brachte.

- Der Rückschlag, als ich auf Vertrieb und Marketing für meine Produkte reduziert werden sollte, was meine Entscheidung initiierte, zu kündigen und den Absprung ins Unbekannte zu wagen.

- Der absolut undenkbare Zufall, als Herr Petersen mangels Schlaf abends im Bett zum ersten und einzigen Mal im Leben in der FAZ die Wissenschaftsseite mit den Stellengesuchen durchblätterte.

- Die Kombination der zwei Zufälle *Absprung aus Biochemie in die Polymerwelt* mit der ungerichteten, diffusen Suche von Herrn Petersen nach einem Chemiker für seine Firma und seinem einmaligen Blick in die FAZ.

- Der Blick in den Abgrund, als ich noch vor Antritt der neuen Stelle mit zwei für die Firma existenziell bedrohlichen Reklamationsfällen konfrontiert wurde, der nochmalige Blick in den gleichen Abgrund, als die Kurzarbeit begann – und ich für alle diese Probleme schnellstens Lösungen finden musste, was mir half, unglaublich schnell und tief in die Technologie einzusteigen und eine Strategie für meine Grundlagenforschung zu entwickeln.

- Daraufhin gerade noch rechtzeitig die Anfrage aus der Großchemie, die ihrerseits selbst in einem großen Produktsegment am Abgrund stand (natürlich nicht wie wir mit Aussicht auf Konkurs, aber mit Aussicht auf europaweite Lieferunfähigkeit), und unsere unglaublich schnelle Entwicklung des rettenden Produktes.

- Der wiederum unglaubliche Zufall, dass ich das gerade erst renovierte Haus in Düsseldorf mit zwei noch sehr kleinen Kindern verlassen musste, um zu Zipperling zu wechseln, an den Gründer einer neuen Werbeagentur vermietete, der dann in kreativem Zusammenspiel mit mir die Marketingkampagne entwickelte, die Zipperling als Spezialunternehmen europa- und weltweit bekannt machte.

Eine letzte der gemeinsamen Marketingaktionen war unsere Pionierleistung als zweitschnellste, aber best-informierende Chemie-Webseite der Welt im Jahre 1995, als das WWW überhaupt erst vier Jahre existierte und erst zwei Jahre zuvor allgemein zugänglich geworden war. Davon erzählte ich in Kapitel 1.

Anhang 4: Mitarbeit an einem der aufregendsten und bekanntesten Kunstprojekte in Deutschland

Im Sommer 1995 verhüllte das Künstlerehepaar Christo den Reichstag. Dazu verwendeten sie ein Polypropylengewebe (PP). Dieses wurde aus feinen PP-Streifen, die aus einer PP-Folie geschnitten wurden, gewebt.[9] Die Folie wurde mit Tauen aus Polypropylen festgezurrt. Der Kunststoffe mussten flammhemmend ausgerüstet werden, weil es sich um ein Gebäude handelte, das da verhüllt wurde. Ein sehr bedeutendes Gebäude! Die Folie sollte grau eingefärbt werden, mit einem ganz bestimmten Grau, das Christo vorgab. Die Taue waren farblos.

Wir wurden schon 1994 angefragt, für dieses Kunst-Projekt ein Konzentrat zu entwickeln, das sowohl die flammhemmenden Eigenschaften als auch die graue Farbe liefern sollte, also – wie ich so etwas nannte – ein *Kombi-Konzentrat*. Wir hatten inzwischen viele solcher Kombinationen entwickelt, und es gab eine Tabelle, die ich ständig aktualisierte. In der konnte man ablesen, welche Kombinationen für welche thermoplastischen Kunststoffe bislang möglich waren. Unser Kunde *Bremer Wollkämmerei* stellte die PP-Folie her, die Taue kamen vom *Tauwerk Gleistein*.

Als ich die Anfrage bekam, sah ich sofort DIE große Marketing-Chance, denn die Verhüllung sollte im Sommer stattfinden. Im darauffolgenden Herbst fand wie alle zwei Jahre die weltgrößte internationale Kunststoffmesse in Düsseldorf statt, in jenem Jahr die K'95. Die Verhüllung des Reichstags mit einem Polypropylen-

---

[9]   *https://www.spiegel.de/kultur/was-ist-hier-los-cherie-a-5af9a6db-0002-0001-0000-000009181469?context=issue; hier wird das Grundmaterial ein „Wunderwerk der Plaste-Technik" genannt.*

gewebe, das wir mit einem Kombi-Konzentrat flammhemmend ausgerüstet haben würden, würde der „Knaller" auf der Messe sein.[10] Ich gab dem Projekt also allerhöchste Priorität. Es mussten etwa 80 Tonnen flammhemmende Folie hergestellt werden. Wenn ich mich richtig erinnere, lag die Zugaberate bei 15 Prozent, wir mussten also zwölf Tonnen Konzentrat herstellen, das ist für ein so spezielles Produkt alles andere als eine kleine Menge.

Nach einer intensiven Entwicklungsarbeit (das Produkt musste zunächst behördlich zugelassen werden, also in einem Prüfinstitut getestet und zertifiziert werden) wurde das Konzentrat produziert, der Kunde produzierte die Folie, es wurden daraus die Streifen geschnitten, das Gewebe gewebt, mit Aluminium beschichtet – und schließlich wurde der Reichstag verhüllt. Das Ganze wurde in der Tages-

---

[10] *Ich hatte für diese Messen fast immer einen schönen „Knaller", einen Sichtbarmacher (und der Stand wurde immer von dem nach wie vor mit uns arbeitenden Werbeberater konzipiert und realisiert). Auf der Welt-Kunststoffmesse 1995 führten wir mit einem großen Computer mit Internetanschluss unsere Pionier-Webseite www.zipperling.de vor. Es war die weltweit zweite Webseite eines Chemieunternehmens, nur die Hoechst AG war wenige Wochen schneller als wir, aber wir hatten bereits alle Datenblätter und technischen Beschreibungen dort aufrufbar eingestellt. Es war eine Wahnsinnsarbeit bis in die letzte Nacht vor der Messeeröffnung, aber dann war der Stand ständig umlagert, für alle Besucher war dies ein Blick in eine neue Welt. Wir wurden schlagartig berühmt, in der Fachpresse gab es sehr positive Berichte.*

In einem anderen Jahr hatte ich mit einem Kunden, der sehr fortschrittliche Flächenlautsprecher herstellte, eine Stereoanlage aufgestellt, die Lautsprecherfolie war eine mehr als ein Meter lange und etwa 50 cm breite transparente Polyesterfolie, die wir mit unserem Organischen Metall Polyanilin beschichtet hatten. Dadurch konnte sie angesteuert werden und so schwingen, dass Musik erklang. Während des Messetages ließen wir die Lautsprecher nur gelegentlich und relativ leise laufen, aber sobald das Signal „Feierabend" ertönte, legte ich eine CD mit Sibelius' „Finlandia" auf und beschallte die gesamte Halle. Von allen Ständen strömten die Menschen herbei und genehmigten sich bei uns ein preiswertes frisch gezapftes Bier – wieder war Zipperling das Thema der vielen Messegespräche. Die Konkurrenten erblassten jedes Mal vor Neid, weil sie nur dröge Produkte zeigen konnten, wir aber immer die „Knaller". Ich hatte viel Spaß an solchen Aktionen.

schau gezeigt. In allen Zeitungen wurde darüber berichtet. Ganz Deutschland wusste von dieser Kunstaktion.

Also hatte ich Presseerklärungen für die Lokalpresse und die Fachpresse vorbereitet, auch eine kurze Produktbeschreibung.[11] Der etwas vorgealterte Zipperling-Professor stellte diese Innovation in einer wie immer ganzseitigen Anzeige in der gesamten Fachpresse vor. Die Resonanz war enorm. Es beeindruckte die Leser auch, dass in der Tagesschau berichtet wurde, jemand habe mit einem Brandpfeil einen Anschlag auf das Kunstwerk verübt. Der Pfeil verursachte aber nur ein kleines Loch, weil unsere Flammschutzausrüstung funktionierte.

Für die wenige Monate später stattfindende Kunststoffmesse K'95 schickten wir unseren kaufenden und vielen potenziellen Kunden Einladungen, unseren Stand zu besuchen.[12] Wir hatten nicht nur technische Beschreibungen und Broschüren mit dem Zipperling-Professor bereitliegen, sondern auch zwei Original-Zeichnungen von Christo gekauft, die wir unter den Standbesuchern verlosten: Wer sich mit Name und Adresse eintrug, konnte ein kostenloses Los bekommen. An zwei Tagen machten wir eine Verlosung, Tag und Uhrzeit waren groß angekündigt, und dann verschenkten wir die Christo-Originale. Die Menschentraube vor unserem Stand war unübersehbar. So machte ich Marketing mit Technologie.[13] Nicht mit

---

[11]   Das Foto einer allgemeinen Produktbeschreibung: https://bit.ly/3Je1D7p (letzter Zugriff 7. 2. 2022)

[12]   https://bit.ly/3rvQyZ3 und die zweite Seite https://bit.ly/3LsppP1 (letzter Zugriff auf beide Seiten am 7. 2. 2022)

[13]   Mit der Forschung machte ich eher langfristiges Marketing. Es gab mindestens ein, wenn nicht zwei Dutzend Fernsehbeiträge über meine chemische Forschung (hier 2 Beispiele: https://youtu.be/-u5hTxub_kE und https://youtu.be/eFJbsCJI97Y) und viele Zeitungs- und Magazinartikel, auch in Wissenschaftsmagazinen, siehe z. B.

heißen Luftblasen oder aufgeblasenen Marketing-Worthülsen, sondern mit realer, fortschrittlicher und von den Konkurrenten allein aufgrund unserer Geschwindigkeit und Kompetenz nicht einfach kopierbarer Technologie.

https://www.spektrum.de/magazin/metallische-eigenschaften-leitfaehiger-polymere-durch-dispersion/822611 oder *https://www.spektrum.de/magazin/korrosion-metallischer-werkstoffe/824683*.

Anhang 5: Erste Durchbrüche auf dem Weg zur Dispersion leitfähiger Polymere

Teil 1: erstmalige Dispersion von Polyacetylen

Der praktisch aktive Teil meiner Forschung an leitfähigen Polymeren begann mit Polyacetylen (PAc), das wir im Labor synthetisierten. Sehr bald begann ich eine Kooperation mit dem späteren Leiter des damals noch nicht gegründeten Max-Planck-Instituts für Polymerforschung, Professor Gerhard Wegner, und einem seiner Abteilungsleiter an der Universität Mainz, Dr. Lieser. Ich wollte PAc-Filme mit dem von mir hergestellten PAc-Pulver in Hinblick auf ihre nanoskopische Struktur untersuchen, denn der Literatur konnte man entnehmen, dass alle Forscher der Meinung waren, dieser Stoff bestünde aus nanoskopisch feinsten Fibrillen, also extrem feinen Fasern mit weniger als einem Mikrometer Durchmesser, die aber viele Mikrometer, vielleicht sogar hunderte Mikrometer lang seien. Entlang dieser Fibrillen fließe der Strom im elektrisch leitfähigen Polymer, weil die PAc-Ketten in Richtung der Fibrillen verlaufen. Wenn dem so wäre, wäre meine Idee zu dispergieren alles andere als gut, weil die Ketten zerstört werden würden. Aber vielleicht war mein PAc-Pulver ja anders strukturiert als ein PAc-Film? Die Herstellungsweise war jedenfalls verschieden.

Ich erhielt aus Mainz einen PAc-Film, stellte mein eigenes PAc-Pulver her und fuhr zum privaten Elektronenmikroskop-Labor von Bodo Böhlken. Mit ihm und mit dessen Rasterelektronenmikroskop (REM) hatte ich schon das „Schallplatten-Kratzer"-Problem gelöst. Wir präparierten alles mit besonderer Sorgfalt und investierten viel Zeit. Das Ergebnis war eine Sensation: Einerseits bestand mein Pulver aus sehr kleinen Kügelchen (Durchmesser etwa 100 nm; erst sehr viel spä-

ter fand ich heraus, dass diese 100-nm-Kügelchen aus noch viel kleineren Primärpartikeln bestanden, die einen Durchmesser von 10 nm aufweisen).

Andererseits bestand aber auch das weltweit beliebteste PAc-Forschungsobjekt,
eine dünne Folie, die inzwischen schon 1000fach direkt durch Synthese hergestellt worden war, aus Kügelchen! Der Unterschied war nur, dass sie dort hinter-
einander wie Perlen an einer Perlenkette angeordnet waren, nicht wie in meinem
Pulver wild durcheinander. Für diese Art Folien war vorher mit Transmissions-
elektronenmikroskopie (TEM) bestimmt worden, dass sie fibrillär strukturiert sei.
Aufgrund unserer besonders schonenden Objektvorbereitung war die Auflösung
unserer Bilder viel feiner als üblich. Man konnte erkennen, dass die hauchdünnen
Fibrillen in Wirklichkeit aus noch kleineren kugelförmigen Partikeln bestanden,
die ihrerseits aus noch kleineren Teilchen zu bestehen schienen. Das konnte ich
später zeigen und beweisen, dass die Primärpartikelgröße 10 nm beträgt.

Wir schauten mit dem REM gewissermaßen *von oben* auf die Proben, ein TEM
schaute *von unten* durch eine Probe hindurch, häufig war die notwendige hauchdünne Goldschicht auch durch sogenannte „Schrägbedampfung" aufgebracht
worden. Dadurch hat man gewissermaßen Schattenbildung, die eine Auflösung
der nanometerkleinen Kügelchen verhinderte.

So entstand 1983 meine erste Veröffentlichung auf diesem Forschungsgebiet.[14]
Sie wurde nach Verarbeitung einiger Gutachterhinweise Ende 1983 angenommen

---

[14] *B. Wessling, Makromol. Chem. 185, 1265 - 1275 (1984), Veröffentlichung hier zu
sehen:
https://www.researchgate.net/publication/230304769_Beitrag_zur_Diskussion_um_di
e_Morphologie_von_polyacetylen*

und 1984 veröffentlicht. Zwei charakteristische Fotos sind in Kapitel 3 des Buches zu sehen.

Erstmalig hatten wir dann schon Anfang 1984, also nur knapp zwei Jahre nach Beginn meiner Grundlagenforschung, nachweisen können, dass leitfähige Polymere dispergierbar waren. Ich reichte eine entsprechende Patentanmeldung am 15. Juni 1984 ein.[15] Das Forschungsumfeld kannte ich noch nicht. Aber ich wusste, dass im Sommer eine große Konferenz, die Internationale Konferenz über Leitfähige Polymere (ICSM) 1984 in Abano Terme (Italien) stattfinden würde. Deshalb befürchtete ich, dass jemand anders auf die gleiche Idee wie ich gekommen sein könnte und darüber einen Vortrag halten würde. Das würde mein geplantes Patent zunichte machen. Nach bestem Wissen und intensiven Recherchen konnte ich davon ausgehen, dass keine schädlichen Vorveröffentlichungen vorlagen. Eine Unsicherheit besteht immer für einen Zeitraum von 18 Monaten vor einer eigenen Patentanmeldung: Denn in dem Zeitraum haben möglicherweise später mit der eigenen Anmeldung in Konflikt stehende Anmeldungen Prioritätsrechte und Veröffentlichungsschutz, d. h., man kann sie 18 Monate lang gar nicht finden.

Also beeilte ich mich, die Patentanmeldung vor der Konferenz (an der ich nicht teilnehmen wollte) einzureichen. Ich schaffte es aber nicht mehr vor Antritt meines Urlaubs mit der Familie in Frankreich in der Normandie. Also machte ich mit der dortigen Agentur, über die wir ein Ferienhaus gemietet hatten, ab, deren Fernschreiber zu nutzen. Faxgeräte waren damals noch sehr neu, nicht weit verbreitet. Die email-Technologie gab es damals noch nicht. Das Büro hatte aber nicht damit

---

[15]   *Hier das entsprechende US-Patent: B. Wessling, H. Volk, US4935164A https://patents.google.com/patent/US4935164A/en (letzter Zugriff am 7. 2. 2022)*

gerechnet, dass ich dort stundenlang schreiben würde. Nachdem ich es zwei Mal gemacht hatte, baten sie mich freundlich, aber bestimmt, woanders zu arbeiten, und empfahlen mir den örtlichen Flughafen für Sportflugzeuge. Dort akzeptierte man meine Bitte. Meine Kinder waren begeistert, weil immer mal ein kleines Flugzeug startete oder landete, während ich mit Graf Stolberg, meinem Patentanwalt aus dem Hamburger Büro *Uexküll & Stolberg*, hin und her fernschrieb und mich mit ihm über die allerletzten Änderungen und Textbestandteile austauschte.

Es zeigte sich zwei Jahre später, dass die Eile nicht nötig gewesen wäre: Niemand hatte einen potentiell neuheitsschädlichen Vortrag gehalten oder kurz zuvor eine sich mit meinem neuen Prinzip überschneidende Patentanmeldung eingereicht. Mehr noch: Es hat sich auch viele Jahre danach kaum jemand außerhalb meines Labors vorstellen können, dass Dispersion ein gangbarer Weg zu Anwendungen der leitfähigen Polymere sein könnte, geschweige denn, dass es der einzige sein würde. Das in der Forschergemeinde herrschende Paradigma (Kapitel 5) verhinderte dies.

Diese Anmeldung (und das darauf erteilte Patent) war der Grundstein der späteren Technologie der Organischen Metalle, ebenso die Basis dafür, dass unter anderem die Bayer AG für ihr PEDOT („Baytron") viele Jahre später von Zipperling eine Lizenz nehmen musste.[16] Das Patent enthielt darüber hinaus sehr wertvolle grundlegende wissenschaftliche Erkenntnisse. Das Patent war ein weltweit gültiger Meilenstein, ein Grundlagenpatent. Leitfähige Polymer können gar nicht anders als durch Dispersion verarbeitet werden. Das wusste ich aber damals noch nicht. Ich wusste damals nur: So kann man, so könnte man einen Weg zur Verarbeitung

---

[16] *https://www.kunststoffforum.de/information/news_archiv_lizenz-fuer-leitfaehiges-polymer_128*

dieser neuartigen Stoffklasse eröffnen. Im Verlauf der weiteren Jahre der Forschung erkannte ich, es war viel mehr: Anders als durch Dispersion ist es gar nicht möglich.

Teil 2: Der Weg zu einem speziellen Polymerisationsverfahren mit dem Ergebnis „Dispergierbarkeit"

Bei unseren zahllosen Dispersionsexperimenten, v. a. in immer größerem Maßstab, stellte sich heraus, dass wir auch bei genauester Kontrolle der Dispersionsbedingungen ständig drastisch unterschiedliche Resultate erzielten. Der Dispersionsgrad, die Leitfähigkeit, die wir erzielten, war jedes Mal anders. Meine Schlussfolgerung war: Das Problem ist die Reproduzierbarkeit der Synthese des leitfähigen Polymeren, in unserem Fall Polyanilin. Schließlich fiel mir auf, dass sie reproduzierbarer wurde, wenn wir kühlten. Daraus entwickelte sich ein aufwendiges mehrjähriges Projekt, in dem wir die Synthese genauestens untersuchten. Dabei erfassten wir u. a. sehr exakt den Wärmeumsatz unter verschiedensten Bedingungen, indem wir unseren Reaktor praktisch wie ein Kalorimeter betrieben. So lernten wir die überraschend andersartigen thermodynamischen Eigenschaften dieser so einfach aussehenden, in Wahrheit extrem komplizierten Reaktion kennen: Je nach den verwendeten Bedingungen ergaben sich vollkommen unterschiedliche Reaktionsenthalpien, das heißt, unterschiedliche Reaktionsprodukte!

Es entstand ein Patent und im weiteren Verlauf der langjährigen Arbeiten eine computerkontrollierte Synthese, die bis heute kommerziell verwendet wird.[17] Die

---

[17]   *B. Wessling, H. Volk, S. Blättner, EP 0329768 A1,*
       https://patents.google.com/patent/EP0329768A1/en (letzter Zugriff am 7. 2. 2022)

Synthese ist ein klassischer Nicht-Gleichgewichtsprozess. Die Gleichgewichts-pendant ist die nicht (oder nur wenig) gekühlte Synthese: Hierbei wird enorm viel Wärme frei, die Reaktionsenthalpie – also die bei der Reaktion entstehende Wärmemenge, eine für eine bestimmte Reaktion eindeutige und charakteristische Zahl – ist für den von uns entwickelten sehr komplizierten Reaktionsablauf um eine Größenordnung niedriger als bei einen konventionellen (Gleichgewichtsreaktions-)Ablauf. Das ist ein klares Zeichen dafür, dass es sich bei den entstehenden Produkten um verschiedene Strukturen – vermutlich eine unterschiedliche Kettenanordnung – der an sich von der Elementaranalyse und der Spektroskopie her betrachtet *identischen* Substanz, Polyanilin, handelt. Während diese Strukturunterschiede im Verlauf meiner Forschung nicht klar geworden sind, ist aber ein entscheidender Unterschied in den Eigenschaften klar geworden: Die von uns entwickelte und dann kommerziell hergestellte *Nicht-Gleichgewichts*-Form des Polyanilins ist dispergierbar, die ungekühlte *Gleichgewichtsform* ist definitiv nicht dispergierbar. Zumindest an den Oberflächen der Nanoteilchen, aus denen der Stoff besteht, dort wo die Dispersion stattfindet, wo die Benetzung stattfindet, wo sich die Grenzflächen treffen und in Wechselwirkung treten, muss es also signifikante Unterschiede geben.

Anhang 6: Auf dem Weg zum Verständnis der Wechselwirkungen an den Grenzflächen bei Dispersionsvorgängen

Ich hatte die erste Patentanmeldung betreffend die Dispersion von leitfähigen Polymeren und auch erste Patentanmeldungen über leitfähige Rußcompounds eingereicht. Es war klar, dass der Schlüssel die *Dispersion* ist. Aber ich wusste noch nicht, was an den Grenzflächen geschah. Vor allem nicht, warum, wenn man in einem konventionellen Polymer wie PE, PP oder PS die Konzentration an Leitruß in gleichmäßigen Schritten von z. B. 1%, erhöhte, zunächst nicht viel geschah. Die Leitfähigkeit erhöhte sich erstmal nicht, aber bei einer bestimmten Konzentration schnellte sie plötzlich um mehrere Zehnerpotenzen nach oben. Mit nur wenigen weiteren Prozent Zugabe erreichte man einen Maximalwert. Dies aber wollte oder musste ich verstehen. Denn ich hatte damals noch vor, leitfähige Polymere – ich hatte mich dann bald auf Polyanilin konzentriert – als Alternative zu Ruß in leitfähigen Polymerblends zu verwenden und zu vermarkten. Das erwies sich erst später als sinnlos. Diesen Markt kannte ich sehr gut, weil wir europaweit Technologie-Marktführer in leitfähigen Rußcompounds geworden waren. Nach Marktanteil hinsichtlich Menge waren wir weltweit Nummer zwei hinter Cabot, die aber nur PP- und PE-Compounds herstellten und lieferten. Wir hingegen produzierten solche Produkte für nahezu alle Polymere. Und wir gewannen immer bessere Erkenntnisse über Dispersion, Verträglichkeit, Grenzflächen, und wie dies alles beeinflusst werden konnte. So waren wir in der Lage, immer schneller und immer besser Spezialcompounds herstellen zu können: „Machen Sie Ihre Innovation zu unserer Aufgabe."

Wie tief und wie schnell ich schon in das Verständnis von Grenzflächen eingedrungen war, zeigt ein Patent von 1989 (Erteilungsjahr), das ich bereits am 7. 11. 1984 eingereicht hatte, also nur wenige Monate nach dem Grundlagenpatent über die Dispergierbarkeit leitfähiger Polymere:[18] Ich hatte auf der Basis von Überlegungen über „Löslichkeitsparameter"[19] ein neues Konzept für die Zusammensetzung von mit Ruß und leitfähigen Polymeren leitfähig gemachten Compounds erdacht. *Löslichkeitsparameter* spielten auch in meinem vorhin erwähnten Grundlagenpatent „Dispersion leitfähiger Polymere" eine Schlüsselrolle. Mein neues Konzept hatten wir sofort umgesetzt und sofort vermarktet: Damit konnten wir die eigentlich notwendige Rußmenge um 30 bis 50% senken und gleichzeitig die mechanischen Eigenschaften verbessern, ohne die gewünschte Leitfähigkeit zu verringern.

Nach diesem neuen Konzept dispergiert man zuerst den Leitruß in einem thermoplastischen Polymer A (in höherer Konzentration als für Leitfähigkeit erforderlich) und vermischt dieses dann mit einem zweiten, *teilverträglichen* Polymer B. Die *Teilverträglichkeit* habe ich unter Verwendung der Löslichkeitsparameter definiert und eingegrenzt. Die Viskosität musste präzise angepasst werden, auch dafür erdachte und erprobte ich Regeln. Dabei half mir meine Erfahrung aus der Entwicklung des Rechenprogramms für die Schallplattenmassenproduktion.

---

[18] *B. Wessling, EP 0181587 B1 https://patents.google.com/patent/EP0181587B1/de?oq=b.+wessling+thermoplastic+or+semiconductive+compounds (letzter Zugriff am 7. 2. 2022)*

[19] *Hildebrand solubility parameter: https://en.wikipedia.org/wiki/Hildebrand_solubility_parameter; Hansen-Löslichkeitsparameter: https://de.wikipedia.org/wiki/Hansen-L%C3%B6slichkeitsparameter (letzter Zugriff für beide Seiten am 12. 2. 2017)*

Beim Vermischen (korrekter: *Dispergieren*) verteilt sich die ruß- beziehungsweise leitfähige-Polymer-haltige Phase A als kontinuierliches dreidimensionales Netzwerk, während die nicht leitfähige Phase aus Polymer B ebenfalls kontinuierlich ist und ebenfalls ein dreidimensionales Netzwerk bildet. Phase A und B stellen ein sogenanntes *interprenetrierendes bi-kontinuierliches Polymerblend* dar. Phase A nannte ich *Leiterbahnen*. Das Patent umfasste auch leitfähige Polymere, wozu ich mit Polyacetylen entsprechende Versuche durchgeführt hatte.

In der Patentanmeldung vom November 1984 schrieb ich[20]:

> „Es ist bislang nicht möglich, den Leitfähigkeitsdurchbruch (die Perkolation) theoretisch genau zu beschreiben und insbesondere vorherzusagen. K. Miyasaka et al. (J. Mat. Sci. 17, 1610 - 1616 (1982)) haben eine Theorie auf der Basis der Grenzflächenspannung ausgearbeitet, die für qualitative Betrachtungen hilfreich ist. In der Praxis benötigt man jedoch wesentlich höhere Anteile an leitfähigen Zusätzen als von Miyasaka theoretisch ermittelt. Vermutlich beruht dies darauf, daß bei der Einarbeitung der Zusätze in Polymere und der Weiterverarbeitung der Polymerblends zu Endprodukten Leitfähigkeitsbrücken unterbrochen werden. Im Prinzip kann der leitfähige Zusatz drei Phasen durchlaufen: Vom undispergierten Agglomerat (max. Kohäsionskontakte) über eine Kettenstruktur (Gleichgewicht zwischen Kohäsion und Adhäsion) zur voll dispergierten Phase (max. Adhäsion)."

Mit Dünnschnitten, die wir anfertigten für lichtmikroskopische Untersuchungen, konnten diese Leiterbahnen beobachtet werden. Die Patentanmeldung enthielt auch einige Zeichnungen, die Abbildungen lichtmikroskopischer Beobachtungen waren. Wir konnten damals noch nicht durchs Mikroskop fotografieren, und für Patente musste man zumindest damals ohnehin Zeichnungen anfertigen. So demonstrierte ich das Prinzip (Fig 1, 4 und 5). Damals wusste ich nicht, dass ich damit auf dem Weg zur Lösung des Problems war, wenn auch noch eine Größenordnung über den Strukturen, die ich drei Jahre später als die eigentlich für den Leitfähigkeitsdurchbruch verantwortlichen erkannte.

---

[20] *http://www.google.ch/patents/EP0181587B1?cl=de&hl=de*

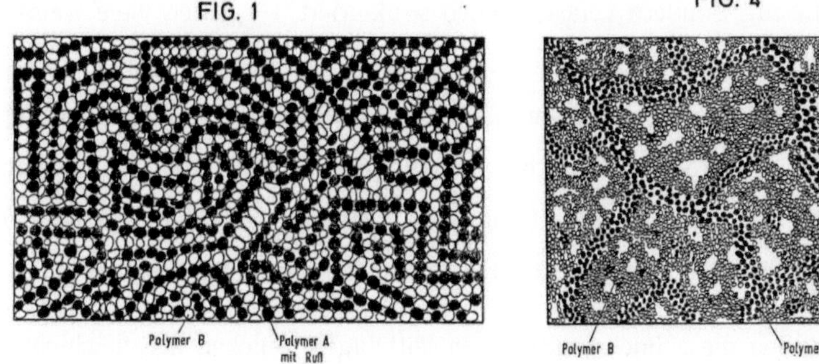

FIG. 1

FIG. 4

Warum war ich so energisch hinter der Lösung dieser Frage her, abgesehen von meiner Neugier und meinem Forscherdrang, dem ich endlich wieder nachgeben konnte? Es gab natürlich eine Erklärung für den Leitfähigkeitsdurchbruch, die allgemein akzeptiert war und heute noch ist, weil auch die meisten Naturwissenschaftler und erst recht Ingenieure nicht in die Tiefe gehen wollen, sondern sich mit schnellen, einfach erscheinenden Erklärungen zufriedengeben – die Per-

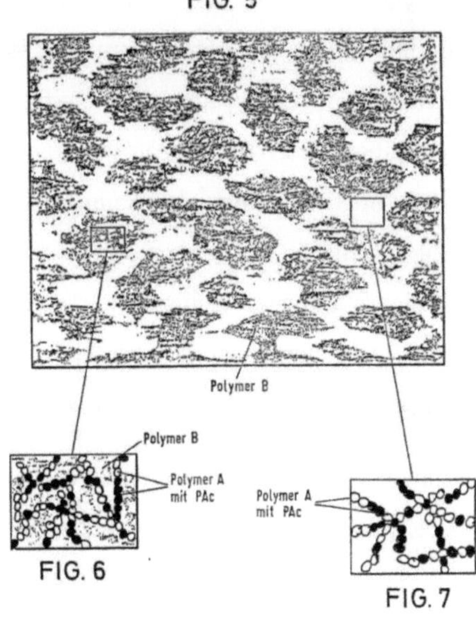

FIG. 5

FIG. 6

FIG. 7

kolationstheorie.[21] Die Theoretiker hatten sich die folgende Erklärung ausgedacht (ja, ausgedacht, nicht experimentell nachgewiesen!): Die Rußteilchen seien eben

---

[21] *https://de.wikipedia.org/wiki/Perkolationstheorie*

43

nicht kugelförmig, sondern verästelt, hoch strukturiert, sie hätten viele weitreichende Ärmchen, mit denen sie andere Rußteilchen und deren Ärmchen kontaktierten. Zur Unterstützung zogen sie mikroskopische Belege heran, die allerdings nicht den Ruß in der thermoplastischen Matrix zeigten, sondern in roher, unverarbeiteter Form oder nach einer nachträglichen Verarbeitung mittels Lösemitteln. Entsprechende Fotos und Grafiken sind in Kapitel 3 des Buches zu finden.

Hiernach werden diese hochstrukturierten leitfähigen Teilchen als gleichmäßig und statistisch willkürlich verteilt angesehen, bis sie ein durchgehendes dreidimensionales Netzwerk bilden. Die Theorie könnte so zwar erklären, warum dies schon bei um die 10 % Konzentration geschieht, während für kugelförmige Teilchen theoretisch über 60% Anteil erforderlich wären. Schwierigkeiten hat die Theorie aber schon dann, wenn wie so oft der *Perkolationspunkt* bei deutlich unter 10 % liegt. Vor allem aber kann mit dieser Theorie nicht erklärt werden, warum diese kritische Konzentration, bei der die Leitfähigkeit plötzlich ansteigt, von den Eigenschaften der Polymermatrix abhängt. Denn die Perkolationstheorie verlangt als Ausgangsbasis, dass Wechselwirkungen mit der Umgebung für die Verteilung der Teilchen keine oder nur eine vernachlässigbare Rolle spielen.

Aus meiner Sicht sprach schon dagegen, dass wir eine immer bessere Leitfähigkeit bei immer niedrigeren Konzentrationen immer dann beobachteten, wenn wir die Scherung bei der Einarbeitung des Rußes erhöhten. Das deutete – wenn man die Veröffentlichungen der Rußhersteller ernst nahm – eher dahin, dass hoch strukturierte Rußteilchen zerstört wurden. Die *Ärmchen*, wenn sie denn existierten, würden also abgetrennt werden. Im Extrem so weit, dass die allerkleinsten kugelförmigen Primärpartikel vollständig dispergiert vorliegen. Das musste nach allgemeiner Ansicht zu schlechterer Leitfähigkeit beziehungsweise zu höheren

Perkolationsschwellen führen, weshalb die Rußlieferanten immer davon sprachen, der Ruß müsse „schonend untergehoben" werden, die „Strukturen dürfen nicht zerstört werden". Alles vollkommen falsch, das Gegenteil ist der Fall, wie ich in der Praxis beobachtete. Also wollte ich herausfinden, wie es wirklich geschah und warum in unterschiedlichen Polymersystemen unterschiedliche, höhere oder niedrigere *Perkolationsschwellen* reproduzierbar waren.

Anhang 7: Erkenntnis-Durchbruch – Leitfähigkeit in Rußcompounds ist entscheidend durch Grenzflächen-Wechselwirkungen geprägt, die Perkolationstheorie kann hierfür nicht angewendet werden; ein Schlüsselschritt auf dem Weg zum Verständnis der Nicht-Gleichgewichts-Eigenschaften

Teil 1: Auf dem Flughafen von Newark

Ich fand die Antworten auf meine Fragen erst einige Jahre später. Ich hatte mich phasenweise mal intensiver (wenn ich Ideen zu neuen Versuchen und Analysen hatte), mal weniger intensiv (wenn mir die Ideen ausgegangen waren) mit diesem Rätsel beschäftigt. 1987/88 durchlebte ich viele Monate systematischer Versuche und wochenlangen quälenden Nachdenkens. Ich erinnere mich heute noch an die Zeiten, in denen ich buchstäblich Magen- und Kopfschmerzen bekam, weil ich das Rätsel nicht gelöst bekam. Oder immer dann, wenn ich meinte, es gelöst zu haben, etwas später feststellte, dass etwas nicht stimmte – wieder nochmal von vorn losdenken. Aber ich fühlte, dass ich der Lösung nahegekommen war.

Den Durchbruch meiner Bemühungen, den plötzlichen Leitfähigkeitsdurchbruch bei einer bestimmten kritischen Konzentration zu verstehen, schaffte ich im Winter 1987/88 im Februar in Newark (New Jersey, USA) nach einem Schneesturm. Wir mussten nach einer wissenschaftlich-technischen Besprechung bei meinem Lizenznehmer und Forschungspartner AlliedSignal ungeplant zwei Nächte bei meinem Freund und Forscherkollegen Ron Elsenbaumer (Forschungsgruppenleiter bei AlliedSignal, einem Lizenznehmer von uns) und seiner Familie übernachten, weil am Nachmittag plötzlich das Firmengelände wegen eines herannahenden Schneesturms evakuiert und der Flughafen Newark geschlossen wurde. Den Weg zu ihm nach Hause mussten wir teilweise erst einmal freischaufeln. Am übernächsten Tag fuhren wir nachmittags nach Newark zum wieder eröffneten Flughafen. Hier mussten wir Stunde um Stunde im vollkommen überfüllten Terminal unter hektischen und aggressiven Leuten bis weit nach Mitternacht auf einen Flug warten. Ständig wurden Flüge abgesagt und neue alternative Verbindungen angeboten. Flughafen- und Fluglinienangestellte wurden beschimpft. Zwischen Passagieren, die einen Flug bekommen wollten, der aber überfüllt war, entbrannten Faustkämpfe. Es wurden beispielsweise Passagiere in einen Flug nach Boston an Bord gerufen, nach einer halben Stunde wieder herausgerufen, weil die Crew nicht gekommen war. Statt dessen wurde dieses Flugzeug nun mit einer anderen Crew nach Chicago geschickt. Ich beschrieb meinen Eindruck später so: „... als ob wir in Beirut auf dem Flughafen waren und zusammen mit Tausenden anderer Flüchtlinge das letzte vor den anrückenden Truppen und Panzern abhebende Flugzeug für unsere Flucht nach Italien erreichen wollten ...“ Es ging um die Erklärung des Zustandekommens dieser Strukturen (REM-Fotos):

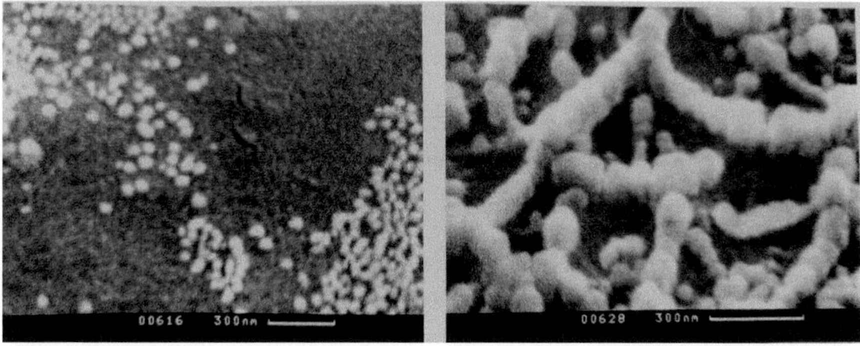

Foto links: Rußteilchen liegen bei einer Konzentration von 0,5% vollständig dispergiert vor, es sind keinerlei Strukturen oder „Ärmchen“ zu sehen; aber in der Bruchfläche ist die Konzentration viel höher als 0,5%. Foto rechts: Die Rußteilchen bilden oberhalb der kritischen Volumenkonzentration (hier: 6%) verzweigte Ketten, und auch in dieser Bruchfläche ist die zu beobachtende Konzentration weit höher als 6%, sondern deutlich über 50%; das ist weit mehr, als die im Gesamtvolumen eingearbeiteten 6%.

In diesem Chaos saß ich seelenruhig wie in Trance auf dem Fußboden des Warteraums vor den Flugsteigen und zeichnete ein Blatt Papier nach dem anderen mit Skizzen voll, während mein amerikanischer Partner und Freund Rick Mathew sich mit meinem Pass und Ticket in der Hand bemühte, für uns einen Flug zu bekommen. Bis ich schließlich die Eingebung hatte: Eine hauchdünne Schicht an Polymermatrix umhüllt die bei der Dispersion vereinzelten Teilchen. Die adsorbierte Hülle desorbiert, wenn die Konzentration *zu hoch* ist, und es bilden sich Ketten von Rußteilchen, umhüllt von einer gemeinsamen Haut, was schließlich so aussieht wie eine Schlange, die zehn Golfbälle verschluckt hat. „Zu hoch" bedeutet: Da die dispergierten Rußteilchen gar nicht im gesamten Volumen gleichmäig verteilt waren, sondern in einlagigen Schichten (die ich *Flöze* nannte), war die kritische Konzentration dann erreicht, wenn sich die Teilchen in diesen dünnen Schichten zu nahe kamen. „Zu nahe" wird wiederum von der Benetzbarkeit durch das Matrix-Polymer kontrolliert: Polare Polymere benetzen besser, deshalb ist in diesen die kritische Volumenkonzentration, der Leitfähigkeitssprungpunkt, höher als in unpolaren wie PE oder PP. Oben zeige ich zwei REM-Bilder: Oben links sehen wir die dispergiert im *Flöz* verteilten Teilchen bei einer Konzentration von nur 0,5 % (im *Flöz* selbst ist die Konzentration viel höher, aber bezogen auf das Gesamtvolumen waren es 0,5 %), rechts die ausgebildeten verzweigten Perlenketten bei einer Konzentration von 6 % an Ruß – hier im *Flöz* aber wiederum viel mehr, eher 50 %). Das Chaos dieses Tages wurde noch getoppt. Wir bekamen keinen Flug nach Cleveland, sondern nur nach Pittsburgh, mieteten dort um zwei Uhr in der Nacht ein Auto, das nach einer Stunde Fahrt mitten in einer pechschwarzen Einsamkeit ohne jeden Strom liegenblieb. Nicht ein einziges Licht war zu sehen. Es war minus zehn Grad kalt oder noch kälter. Ich stellte mich in meinem dünnen Anzug, ohne Mantel, ohne Pullover, mitten auf die Autobahn auf die unterbrochene weiße Linie zwischen den beiden Spuren und winkte jedem der wenigen vorbeifahrenden Autos und LKW zu, musste aber ständig zur Seite springen, damit ich nicht überfahren wurde. Rick saß im Auto und versuchte alle paar Minuten, der Batterie doch noch ein Lebenszeichen zu entlocken, vergeblich. Schließlich hielt ein Wagen, der Fahrer hatte einen Funkspruch eines vor ihm fahrenden LKW-Fahrers aufgefangen: „Bei Meile XY steht ein lebensmüder Verrückter mitten auf der Autobahn, hätte ihn fast erwischt. Schaut mal nach, was da los ist." Er brachte uns in den nächsten Ort, wo wir nachts um vier in einem kleinen Hotel unterkamen. Ich zitterte im Bett noch weitere zwei Stunden am ganzen Körper, weil ich vollkommen durchgefroren war. Diese Nacht hätte für uns tödlich ausgehen können. Wir hätten erfrieren oder ich hätte überfahren werden können. Wieder so eine unvorhersehbare Kette von Zufällen …

Als ich den Mechanismus des Leitfähigkeitsdurchbruchs begriffen hatte, lieferten mir die Ergebnisse, die vorher nur Zahlen waren, endlich auch eine bildhafte Erklärung mit einem mentalen Video: Nicht-schmelzende Bestandteile, die man in einem Polymer dispergiert, egal ob leitfähiger oder nicht leitfähiger Ruß, ein leitfähiges Polymer oder nicht leitfähige, farbgebende Pigmente, bekommen eine monomolekulare Hülle, bestehend aus dem Matrixpolymer. Diese ist fest adsorbiert und kann auch bei Pyrolyse nicht vollständig entfernt werden.

An einem kritischen Punkt, den ich seitdem nicht mehr *Perkolationspunkt* nannte, sondern *kritische Volumenkonzentration*, desorbiert ein Teil der adsorbierten Hülle und verschmilzt mit der ebenfalls teilweise desorbierenden Hülle des Nachbarteilchens, sodass ein Hohlraum entsteht und sie so nah miteinander in Kontakt kommen, dass zwischen ihnen Elektronen transportiert werden können. Den Hohlraum habe ich durch Dichtemessungen entdeckt, denn genau bei der kritischen Volumenkonzentration erlebt die (im Prinzip linear ansteigende) Abhängigkeit der Dichte von der Konzentration des Füllstoffs eine sehr deutliche Stagnation. Teilweise geht die Dichte sogar zurück, um danach mit geringerer Steigung als unterhalb der kritischen Volumenkonzentration weiterzusteigen (siehe Kapitel 3 und die Grafik am Ende dieses Teils 1).

Mittels Elektronenmikroskopie an unter flüssigem Stickstoff gebrochenen Mustern hatte ich erkannt, dass große Bereiche der Kunststoffmatrix komplett frei von Ruß oder Polyacetylen waren, andere waren dicht mit kugelförmigen (!), vom Matrix-Polymer beschichteten Ruß- oder PAc-Teilchen besiedelt. Daraus entwickelte ich auf dem Flughafen in Newark dieses Modell, die Zeichnungen stammen aus der hier zitierten Veröffentlichung:[22, 23]

---

[22] *B. Wessling, Polym. Eng. Sci. **31**, (16) 1200 (1991), siehe https://www.researchgate.net/publication/243341314_Electrical_conductivity_in_hete rogenous_polymer_systems_IV_1_a_new_dynamic_interfacial_percolation_model; Ref. 4 zeigt, dass ich diese Erkenntnisse bereits 1988 hatte, dann zur Sicherheit (weil ich diese Veröffentlichung nirgendwo unterbringen konnte, sie wurde überall abgelehnt) eine Patentanmeldung in Großbritannien daraus gemacht, eingereicht am 23.1.1989, GB-OS 2 214 51, um diese Erkenntnisse dokumentiert zu bekommen, auch wenn sie nicht in einer Fachzeitschrift veröffentlicht werden würden.*

[23] *B. Wessling, Polym. Eng. Sci. **31**, (16) 1200 (1991), siehe https://www.researchgate.net/publication/243341314_Electrical_conductivity_in_hete rogenous_polymer_systems_IV_1_a_new_dynamic_interfacial_percolation_model; Ref. 4 zeigt, dass ich diese Erkenntnisse bereits 1988 hatte, dann zur Sicherheit (weil ich diese Veröffentlichung nirgendwo unterbringen konnte, sie wurde überall abgelehnt) eine Patentanmeldung in Großbritannien daraus gemacht, eingereicht am 23.1.1989, GB-OS 2 214 51, um diese Erkenntnisse dokumentiert zu bekommen, auch wenn sie nicht in einer Fachzeitschrift veröffentlicht werden würden.*

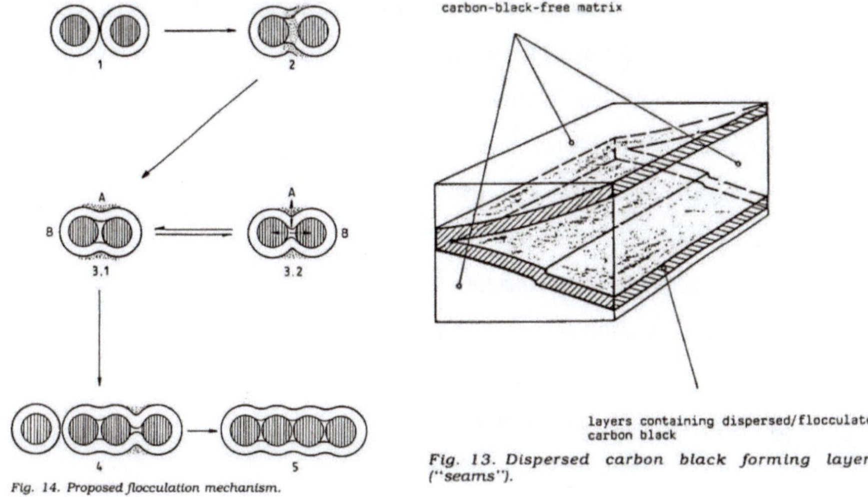

Fig. 13. Dispersed carbon black forming layers ("seams").

Fig. 14. Proposed flocculation mechanism.

Die gezeigte stark vereinfachende Skizze veranschaulicht, dass anstelle einer statistisch einigermaßen gleichmäßigen Verteilung von Teilchen die Teilchen eine eigene Phase (Schema links) und vernetzte Perlenkettenstrukturen bilden (Schema rechts); in den Perlenketten findet die Flokkulation statt, wonach der Strom fließen kann (Schema unten).

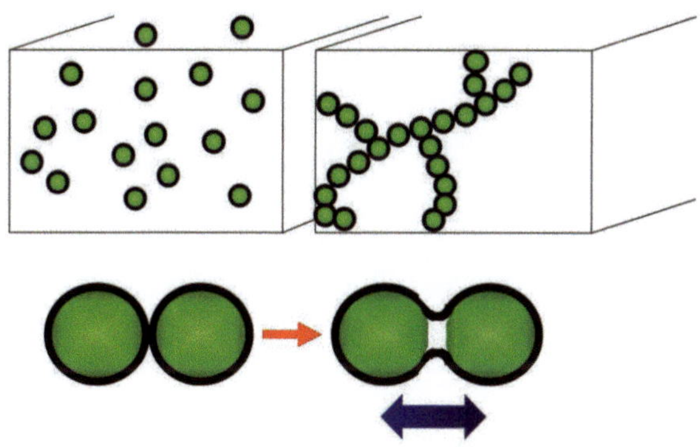

Hier (Grafik rechts) zeige ich aus der britischen Patentanmeldung[22] Nr. 2 214 51 die Abbildung 4.2, die den Dichteknick in zwei unterschiedlichen Polymersystemen zeigt, die mit Prozentanteilen an Ruß zwischen 0,5 und 20 % gefüllt sind. Die Dichte stagniert bzw. geht sogar leicht zurück genau bei der Konzentration, bei der die Leitfähigkeit des Compounds plötzlich um Größenordnungen ansteigt. Das liegt an dem Hohlraum, der sich bei der Vereinigung der adsorbierten Hülle von ursprünglich einzeln vollständig benetzten Teilchen bildet, sodass die Teilchen sich berühren und Elektronen austauschen können, siehe Schema oben rechts, Fig. 14, Struktur 5 und zur Verdeutlichung auch das grüne Schema oben.

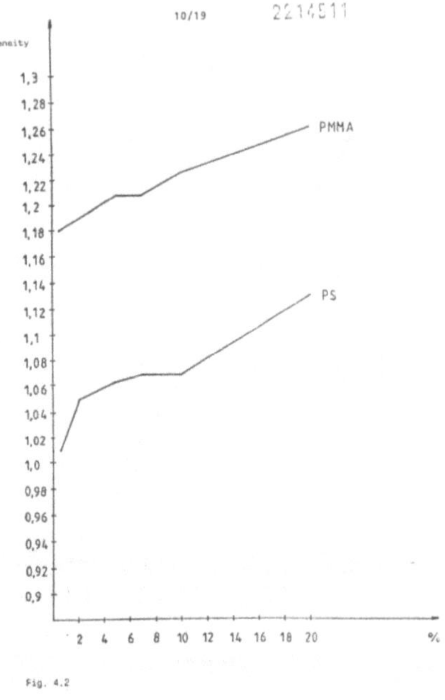

Teil 2: Auflösung des Rätsels „endlicher Viskositätsbeitrag von Füllstoffen"

Die Erkenntnisse über die Vorgänge, die zur Dispersion der Ruß- bzw. PAc- oder Pani-Nanoteilchen und beim Erreichen einer ja sehr niedrigen kritischen Volumenkonzentration plötzlich Leitfähigkeit im Compound bewirkten, erklärten mir auch, was ich etwa sieben Jahre zuvor an Schallplattenpressmassen empirisch gefunden hatte: Mit einer wenn auch ziemlich hohen *scheinbaren* Viskosität trugen nicht-schmelzende Füllstoffe (deren eigene Viskosität eigentlich unendlich hoch ist) zu einer resultierenden Viskosität einer PVC-Mischung bei. Dieser Zusammenhang ist so zu verstehen:

Dispersion bedeutet, dass die (Nano-)Teilchen nicht einfach nur „verteilt" werden, nein, sie werden mit einer hauchdünnen Schicht, gebildet aus Molekülen der Polymermatrix, in der dispergiert wird, umhüllt. Diese Schicht besteht aus einer (1) Moleküllage. Die Polymerketten sind nicht gestreckt, sondern bilden Knäuel, diese mehr oder weniger kugelförmigen Knäuel adsorbieren fest auf der dis-pergierten Teilchenoberfläche.

Nun sind diese Polymerknäuel in ihrer Beweglichkeit ganz erheblich eingeschränkt. Das hat zwei Folgen: Erstens tragen sie selbst gar nicht mehr zum Fließvorgang bei (haben also wohl auch eher eine unendliche Viskosität). Sie reduzieren also den Volumenprozentanteil der Polymermatrix, der noch frei fließen kann. Und zweitens sind sie aber noch einigermaßen gut verträglich mit den frei fließfähigen Polymermolekülen in der Matrix, *kleben* also in gewisser Hinsicht an diesen und behindern deren Fließvermögen.

Drittens aber resultiert ein weiterer Effekt: Diese adsorbierten Polymer-Schichten sind zwar, wie ich oben schrieb, „noch einigermaßen gut verträglich mit den frei fließfähigen Polymermolekülen in der Matrix", sind aber nicht mehr 100%ig identisch in ihren Eigenschaften verglichen mit der Polymermatrix. D. h., sie bilden eine eigene Phase (im Falle der dispergierten Rußteilchen die „Flöze"). Sie bilden also eine weitere eigene dreidimensional kontinuierliche (!) Phase, die insgesamt an der fließfähigen Phase *klebt* und deren Fließfähigkeit beeinträchtigt.

Für jeden Füllstoff, ob 10 Mikrometer oder nur etwa 100 Nanometer groß, und für jede Polymermatrix kann man also mittels einer einfachen Konzentrationsreihe ermitteln, welches der Viskositätsbeitrag dieses Füllstoffs in jener Polymermatrix ist. Man misst die Viskosität unter verschiedenen Scherbedingungen im gewünschten Temperaturbereich, setzt eine Konzentrationsreihe an, wandelt die erhaltenen Werte in ihren natürlichen Logarithmus um, und man erhält eine lineare Auftragung, deren Steigung den Viskositätsbeitrag dieses Füllstoffs ergibt. Analog geht man mit Weichmachern vor, die die Viskosität senken.

Teil 3: schematische Darstellung des Dispersionsvorgangs

An dieser Stelle ist es vielleicht hilfreich für das Verständnis, sich den prinzipiellen Ablauf der Dispersion zu vergegenwärtigen, wie es sich nach meinen Forschungsergebnissen darstellt. Ich zeige hier ein Schaubild, das ich in internationalen Konferenzen häufig vorgestellt und erläutert habe. Natürlich ist hier schematisch in Schritten dargestellt, was in Wirklichkeit vermutlich simultan abläuft:

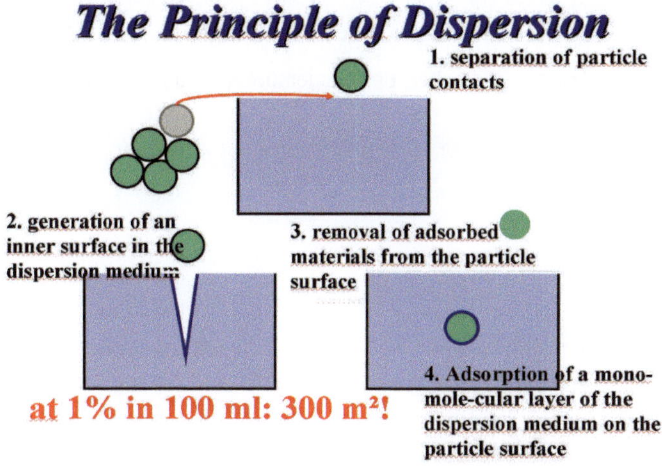

Während der Dispersion müssen die Partikel voneinander getrennt werden, sie sind durch Kohäsionskräfte miteinander verbunden, diese müssen überwunden werden. Das erfordert Energieaufwand. Dann muss im Medium eine innere Oberfläche geschaffen werden, egal ob es eine niedrigviskose Flüssigkeit (ein organisches Lösemittel oder Wasser) ist oder ein hochviskoses Polymer. Dies ist der energieaufwendigste Schritt. Der entsprechende Energiebeitrag errechnet sich ganz einfach aus der Oberflächenspannung multipliziert mit der Gesamtmenge an zu benetzender Oberfläche. Zugleich werden von der Oberfläche zumindest teilweise die dort adsorbierten Fremdstoffe entfernt und verteilen sich im Dispersionsmedium. Zum Abschluss erfolgt die Adsorbtion einer zumindest monomolekularen Schicht des Dispersionsmediums (bei niedrigviskosen Medien sind es vielleicht mehr Schichten als nur eine Moleküllage; definitiv ist es aber in polymeren Medien eine monomolekulare Schicht). Dieser letzte Schritt ist der einzige, bei dem etwas (wenn auch nur sehr wenig) Energie gewonnen wird. Der Betrag ist proportional der Grenzflächenspannung. Mehr dazu in Anlage 11. Dieser wenn auch in Absolutwerten im Vergleich zur notwendigen Dispersionsenergie geringfügige Energiegewinn ist es aber, der Dispersionen relativ stabil macht.

Teil 4: Simulation der Bildung der dissipativen Strukturen in „cellular automata"

„Cellular automata" sind Modelle, mit denen die Simulation biologischer und anderer dynamischer Prozesse (in anderen Worten: Nicht-Gleichgewichts-Prozesse) mit einfachen Regeln möglich ist. In der Biologie, in der Natur, in der Gesellschaft kann die Entwicklung von Strukturen letztlich immer mit einfachen Regeln mathematisch dargestellt werden, auch wenn deren physikalische, chemische oder soziologische Ursachen kompliziert sein mögen.

Bei meinen Bemühungen um ein tieferes Verständnis der Nicht-Gleichgewichtsphänomene in Dispersionen stieß ich auf diese *Cellular Automata* (deutsch: *zelluläre Automaten*): Mit solchen Programmen kann man dynamische Prozesse simulieren.[24] Die Grundlagen wurden schon um 1940 herum entwickelt, um biologische Organisation (daher der Teil-Begriff *cellular*) und die Entstehung von Komplexität mit relativ einfachen Regeln zu simulieren. Dabei war es der Grundgedanke, dass sich komplexe (biologische) Systeme entwickeln aufgrund der Beziehungen der einzelnen Elemente (*Zellen*) zu ihren Nachbarn.

Damit ist zum einen der Gedanke verbunden, dass auch der Natur die Grundprinzipien der Strukturbildung relativ einfach sind. Das darf aber nicht darüber hinwegtäuschen, dass es sich bei „cellular automata"-Programmen um *Simulationen* handelt, nicht um Beschreibungen der Wirklichkeit oder gar eine *Erklärung* der *Ursachen* für die Bildung der unterschiedlichsten lebendigen und nicht-lebendigen Strukturen, die uns umgeben. Mich hatte es angeregt, damit zu arbeiten, weil ich der Ansicht war (und bin), dass auch bei der Bildung der leitfähigen Struktu-

---

[24]   https://de.wikipedia.org/wiki/Zellul%C3%A4rer_Automat

ren von feinsten Ruß- oder leitfähigen-Polymer-Teilchen in Polymersystemen eine einfache Grundregel herrschte: Wenn ein dispergiertes Teilchen keine direkten Nachbarn ebenfalls dispergierter leitfähiger Teilchen hat, wird es dispergiert bleiben und kann sich nicht mit Nachbarn zu *flokkulierten* Ketten verbinden, einfach weil es keine Nachbarn gibt. Nur wenn der für dispergierte Teilchen zur Verfügung stehende Raum voller Teilchen ist, werden sich einige davon zu Ketten zusammenrotten, indem sie einen Teil der adsorbierten Hülle abgeben, an das Nachbarteilchen anrücken, und zwar so nah, dass Elektronen fließen können. Die entstehende Kette hat dann eine gemeinsame Hülle wie einen Schlauch. Ich sagte immer gern, dass es aussehe wie eine „Schlange, die eine Menge Golfbälle verschluckt hat", wobei ich solche Schlangen nie gesehen habe, geschweige denn, dass ich Golf spiele oder wüsste, ob Schlangen vielleicht versehentlich Golfbälle verschlucken könnten.

Der zweidimensionale Raum, mit dem in zellulären Automaten gespielt wird, war für meine Frage deshalb geeignet, weil auch die dispergierten leitfähigen Teilchen in diskreten Schichten vorliegen, wie ich herausgefunden hatte, keineswegs ja gleichmäßig in allen drei Raumrichtungen verteilt in der Dispersion. Vielmehr gibt es Schichten, die voller Teilchen sind, und solche, die praktisch keine dispergierten Teilchen enthalten. Es hat eine Phasentrennung stattgefunden. Die teilchenhaltigen Schichten sind *einlagig* (enthalten also nur eine Lage von Teilchen), was sie für meine Simulation ideal geeignet macht. Sie sind natürlich nicht bretteben, sondern gebogen und verbinden sich zum Beispiel in Form von Röhren schließlich im gesamten dreidimensionalen Raum der Dispersion. Das ist für die Simulation aber unerheblich.

Dafür waren dann nur zwei Fragen entscheidend, nämlich wie viele Nachbarn dafür sorgen, dass sich eine flokkulierte Kette aus dispergierten Teilchen bildet, und wie viele flokkulierte Nachbarn muss ein Teilchen in einer Kette haben, um Kettenmitglied zu bleiben und nicht *hinausgeworfen* zu werden. In der Sprache der *Cellular Automata*-Programme heißt es, unter welchen nachbarschaftlichen Bedingungen bleibt eine Zelle am *Leben* oder *wird lebendig,* unter welchen Bedingungen *stirbt* sie. Ich spielte mit einer einfachen, online verfügbaren Demoversion.[25] Eigentlich bin ich überhaupt kein Fan von Computerspielen, vor allem kann ich von solchen Programmen nicht süchtig werden. Aber mit diesem Simulationsprogramm beschäftigte ich mich viele Abende lang, bis ich schließlich unter 250.000 möglichen Regeln, die diese Demoversion frei programmierbar erlaubte, eine passende fand: „-234, +12" („minus zwei drei vier, plus eins zwei"). In ganzen Sätzen ausgedrückt, läßt sie sich so beschreiben: „Ein dispergiertes Teilchen wird Teil einer Kette, wenn es von zwei, drei oder vier (dispergierten oder flokkulierten) Teilchen umgeben ist; es bleibt Teil der Kette, bleibt flokkuliert, wenn es mit einem oder zwei ebenfalls flokkulierten Teilchen benachbart ist."

---

[25] *Ich habe jetzt, etliche Jahre später, eine solche Demoversion nicht wieder finden können.*

Es ergaben sich mit dieser immer gleichen einfachen Regel, ausgehend von einer statistisch gleichmäßigen Verteilung von Teilchen im Raum, also in dem Fenster des zellulären Automaten meiner Demoversion, sehr schnell, schon nach wenigen Simulationsschritten, immer wieder neue, immer wieder andere komplexe Ketten- und Netzwerkstrukturen. Sie folgten aber alle dem gleichen Muster 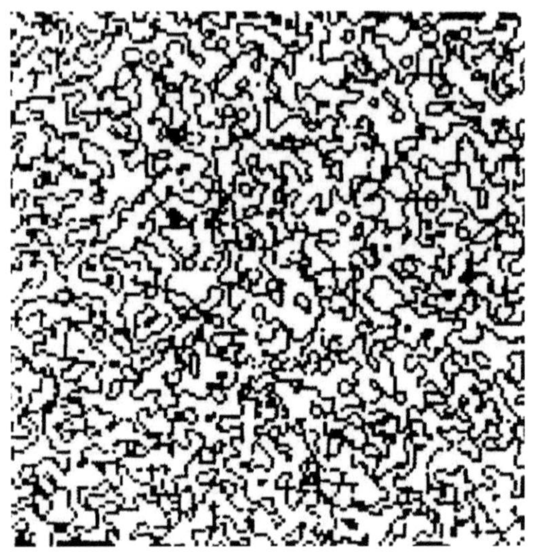 – und, was mich besonders begeisterte: Diese sahen tatsächlich so aus wie in meinen echten Experimenten! Die weißen Flächen sind übrigens nicht als *leer* zu verstehen, sondern jede Zelle in einem solchen Quadrat spielt mit und ist besetzt: Weiße Zellen repräsentieren isoliert daliegende, voll dispergierte, nicht in die *Perlen*ketten eingebauten Teilchen. In der Sprache der cellular automata sind sie *tot*.

Das besonders Interessante an dieser Arbeit war, dass ich den Entwurf für meine Veröffentlichung mit Prof. Dietrich Stauffer, einem europa- und weltweit führenden Perkolationstheoretiker, diskutieren konnte.[26] Das war deshalb so spannend, weil ich ja die Anwendung der Perkolationstheorie für die Erklärung der Leitfä-

---

[26] *D. Stauffer, A. Aharony, Introduction to Percolation Theory /Tyler & Francis, London, (1985), vgl.*
https://www.taylorfrancis.com/books/mono/10.1201/9781315274386/introduction-percolation-theory-dietrich-stauffer-ammon-aharony

higkeit in Polymermischungen als physikalisch sinnlos und als mit der experimentell ermittelten Sachlage unvereinbar abgelehnt hatte. Ich war also unsicher, ob Prof. Stauffer nicht *beleidigt* sein würde darüber, dass ich seine Theorie in meinem Anwendungsgebiet für vollkommen unpassend halte. Damit hatte ich mich auch gegen entsprechende Formulierungen in seinem Buch gestellt. Aber was für eine Überraschung! Er ließ sich viel Zeit, sich meine experimentellen und analytischen Daten erklären zu lassen, studierte meine Veröffentlichungen, löcherte mich mit Fragen und stimmte mir schließlich zu – dann gab er mir sehr sinnvolle und hilfreiche Anregungen für meine Veröffentlichung. Damit war sie auch gleich *peer reviewed*, denn Stauffer war damals einer der für das *Journal de Physique II* aktiven Herausgeber und Referenten. Besonders wichtig war mir die mit der Simulation unterstützte Interpretation meiner Forschungsergebnisse im Sinne der Nicht-Gleichgewichts-Thermodynamik.[27]

Damit war das Projekt erfreulicherweise noch nicht zuende. Einer der Doktoranden von Prof. Stauffer führte eine Nachfolgearbeit durch, die meine Arbeiten bestätigte und erweiterte, schickte mir den Entwurf und bat um einen Kommentar. Seine Arbeit wurde direkt zusammen mit meinem Kommentar im gleichen Heft veröffentlicht.[28, 29]

---

[27] *B. Wessling, J. Phys. II EDP Sciences, 6 (3), 395 – 404 (1996), Text zu finden hier: https://www.researchgate.net/publication/346399968_Cellular_automata_simulation_of_self-organized_structures_in_dispersions*

[28] *C. Roselieb, Int. J. Mod. Phys. C 07 (2) 123 – 129 (1996), https://www.worldscientific.com/doi/10.1142/S0129183196000132; kompletter Text aus anderer Webseite zu finden hier https://www.academia.edu/49742656/Roselieb_Simulation_of_Wessling_Model_for_N etwork_Formation_in_Dispersed_Polymer_Phases (letzter Zugriff jeweils 7. 2. 2022)*

Das wissenschaftliche Ziel, das ich mir 1981 gesetzt hatte, war nach etwa fünf-
zehn Jahren Forschung erreicht. Ich hatte grundlegend verstanden, wie mehrpha-
sige Polymersysteme und generell Dispersionen hergestellt werden, wie sie sich
verhalten, warum vieles daran so kompliziert ist, wie Komplikationen vermieden
werden können. Auch wenn es die ICSM-Gesellschaft und die Welt der Kolloid-
chemiker, -physiker und -Ingenieure weitgehend ignorierten: Diese Erkenntnisse
lieferten ein ganz neues und zutreffendes Bild kolloidaler Systeme, der nanosko-
pischen Dispersionen. Und ich habe es sogar thermodynamisch beschrieben. Eine
das alles zusammenfassende grundlegende Theorie der Nicht-Gleichgewichtsthermodynamik von Dispersionen und Emulsionen hatte ich ein paar Jahre zuvor er-
arbeitet und veröffentlicht (vgl. Anhang 11). Sie stellt eine spezielle nicht-gleichgewichts-thermodynamische Theorie dar auf der Grundlage der allgemeinen Theorie von Ilya Prigogine.

---

[29] *B. Wessling, Int. J. Mod. Phys. C 07 (2) 131 – 132 (1996),
https://www.worldscientific.com/doi/10.1142/S0129183196000144, kompletter Text
hier:
https://www.researchgate.net/publication/259062150_Comments_on_C_Roselieb's_si
mulation_of_Wessling_Model_for_Network_Formation_in_Dispersions (letzter
Zugriff jeweils 7. 2. 2022)*

Anhang 8: Wie verhält sich ein Metall im Vergleich zu einem nicht-metallischen Leiter?

Der entscheidende Unterschied zwischen einem Metall und einem nicht-metallischen Elektronen-Leiter (z. B. einem Halbleiter oder einer rußgefüllten Polymerzusammensetzung) ist die Abhängigkeit der Leitfähigkeit von der Temperatur: Nicht-metallische Leiter zeigen mit steigender Temperatur eine immer höher werdende Leitfähigkeit. In anderen Worten: Wenn man die Temperatur absenkt, misst man bei immer tieferen Temperaturen eine immer niedrigere Leitfähigkeit. Das liegt daran, dass in solchen Leitern der Elektronentransport angeregt werden muss, bei höheren Temperaturen ist das leichter. Bei Metallen ist es umgekehrt: Je kälter das Metall ist, umso höher die Leitfähigkeit. Der Grund dafür sind die bei niedrigeren Temperaturen schwächer und schwächer werdenden Gitterschwingungen des Metall-Kristalls, sodass die Elektronenwolke sich einfacher fortbewegen kann – im Metall bewegen sich ja nicht einzelne Elektronen getrennt voneinander, sondern eine Elektronenwolke, die so groß ist wie die metallische Zone. Dies vorab.

Der Zufall hielt für mich und meine Nicht-Gleichgewichtssysteme weitere Ereignisse bereit. Auf einer Konferenz lernte ich einen Forscher aus einer indischen Forschergruppe kennen, der mit einer neuseeländischen Universitätsforschergruppe (mit der ich bereits kooperierte) in Verbindung stand. Wir kamen überein, dass ich Muster unserer neuesten hoch konzentrierten und besonders gut leitfähigen thermoplastischen Dispersion nach Indien schicken würde, denn es war etwas sehr Überraschendes geschehen: Wenn wir unser leitfähiges Polymer in hoher Konzentration (knapp über 30 Gewichts-%) intensiv in der viskosen Schmelze eines speziellen thermoplastischen Polymers dispergierten, betrug die Leitfähigkeit mehr als das Zehnfache im Vergleich zum leitfähigen Polymer direkt nach der Synthese. Ich wollte wissen, warum das geschah.

Das muss man sich auf der Zunge zergehen lassen: Mehr als das Zehnfache der Leitfähigkeit, obwohl nur ein Drittel der Menge vorliegt! Was konnte die Ursache dafür sein? Gemessen wird hier die spezifische Leitfähigkeit, in der das gesamte Volumen eine Rolle spielt. Rein rechnerisch müsste ein Ersatz von zwei Dritteln leitfähiger Stoffe durch nicht leitfähige in einer Probe die Leitfähigkeit um zwei Drittel absenken, aber ganz bestimmt nicht um den Faktor zehn oder sogar mehr erhöhen! Wenn man hinzurechnet, dass 2/3 des Volumens nicht leitfähige Polymermatrix ist, hat ein Anstieg der spezifischen Leitfähigkeit der leitfähigen Phase um mehr als das Dreißigfache stattgefunden.

Zusammen mit den Indern fand ich heraus: Bei diesem besonders intensiven Dispersions-Vorgang hatte das leitfähige Polymer Polyanilin einen unerwarteten Sprung in seinen Eigenschaften erlebt. Aus einem nicht-metallischen elektrischen Leiter, der eher einem (allerdings sehr schlechten) Isolator glich, wurde ein Leiter, der sich wie ein Metall verhielt. Es besaß nicht alle Eigenschaften wie ein übliches, konventionelles Metall, aber unterhalb einer gewissen Temperatur (etwa 70 Kelvin, also etwa minus 200 °C) verhielt es sich genau wie ein Metall.[30] Den Eigenschaftssprung nennt man „insulator-to-metal transition" (Isolator-Metall-Übergang).

---

[30]   *C. K. Subramanian, A. Kaiser, P. Gilberd, C-J Liu, B. Wessling, Solid State Communications 97 (3), 235 – 238 (1996);*
https://www.researchgate.net/publication/256347872_Conductivity_and_thermopowe r_of_blends_of_polyaniline_with_insulating_polymers_PETG_and_PMMA

In den Jahren zuvor hatte ich bereits einen anderen hoch interessanten Forschungspartner gefunden: Prof. Günter Nimtz Physik-Lehrstuhlinhaber an der Universität Köln). Er hatte mit seiner Gruppe sogenannte *Nanometalle* erforscht und herausgefunden, dass bei ihnen die Elektronen anders als in konventionellen Metallen fließen. In den Metallen, wie wir alle sie kennen, fließen die Elektronen als *Elektronenwolken,* es bedarf nur einer winzigen Spannungsdifferenz, schon bewegen sich die Wolken in Richtung Plus-Pol. In Nanometallpulvern (Zinn und andere konventionelle Metalle mit einer Korngröße unterhalb von einem Mikrometer, die die Nimtz-Forschungsgruppe in ihrem Labor gezielt herstellte) beobachteten sie zwei Transport-Mechanismen: Innerhalb der Pulverteilchen auf normal metallische Art, aber dieses Volumen ist zu klein, beengt; von Teilchen zu Teilchen „hüpfen" die Wolken herüber, der exakte physikalische Begriff heißt *tunneln.* Das ist eine Eigenschaft von Quanten. Prof. Nimtz hat auf diesem Gebiet Pionierleistungen erbracht. In unserer Zusammenarbeit erkannten wir, dass in meinem leitfähigen Polymer die Elektronen ebenfalls von Teilchen zu Teilchen tunnelten.

Mit der neuen Erkenntnis aus Indien ergab sich ein noch klareres Bild: Mein leitfähiges Polymer verhielt sich absolut vergleichbar mit einem Nanometall anorganischen Ursprungs, also beispielsweise wie Nano-Silber oder Nano-Zinn; unterhalb der charakteristischen Temperatur (bei dem Organischen Nanometall Polyanilin unterhalb von etwa -200 °C) konnte man den metallischen Transport innerhalb der Nanoteilchen erkennen, oberhalb dieser Temperatur den Tunnelvorgang.[31]

---

[31] *B. Wessling, D. Srinivasan, G. Rangarajan, T. Mietzner, W. Lennartz, Eur. Phys. J. E 2 (3): 207 – 210 (2000) verfügbar hier:*

Im unten gezeigten Diagramm sieht man die „Reduced Activation Energy" (y-Achse, reduzierte Aktivierungsenergie) gegen die Temperatur aufgetragen. Sie beschreibt die Änderung der Leitfähigkeit mit der Änderung der Temperatur. Die offenen Ovale zeigen das undispergierte Polyanilin: hohe Aktivierungsenergie der Leitfähigkeit, die mit sinkender Temperatur weiter ansteigt.

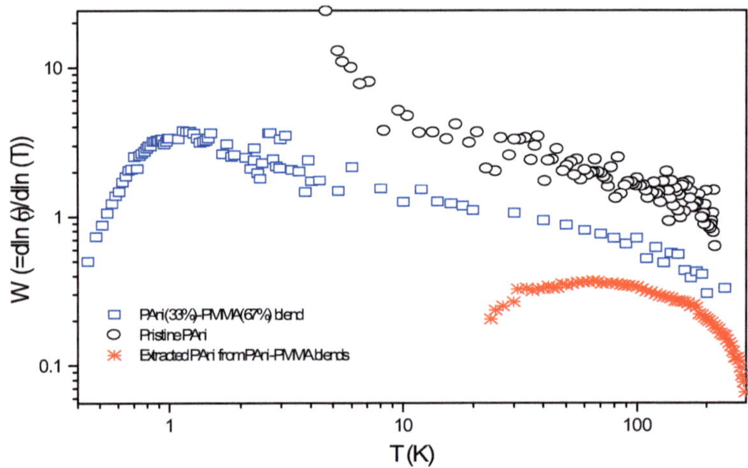

Die blauen Rechtecke zeigen die Werte für das in 67% Polymermatrix dispergierte Polyanilin (33%): niedrigere Aktivierungsenergie und bei etwa 1 Kelvin Übergang zum metallischen Verhalten. Die rote Kurve im Diagramm beschreibt eine weitere überraschende Erkenntnis: Zusätzlich hatte ich nämlich auch die Polymermatrix durch Extraktion entfernt. Zwar gewinnt man damit nicht wirklich das reine Polyanilin zurück, weil eine monomolekulare Schicht des adsorbierten Matrixpolymeren auf der Oberfläche der Teilchen verbleibt. Aber die 67% isolierendes Fremdmaterial werden weitgehend entfernt, es verbleiben etwa 5% bis 10%.

https://www.researchgate.net/publication/225135134_Dispersion-induced_insulator-to-metal_transition_in_polyaniline

Die Messung zeigte eine nochmals drastisch reduzierte Aktivierungsenergie (entsprechend einer deutlich höheren Leitfähigkeit) und den Übergang zum metallischen Leiter bereits bei etwa 70 K.

In Anhang 12, Teil 2, beschreibe ich Ergebnisse einer weiteren Forschungsarbeit zusammen mit einer russischen Forschergruppe, mit der ich untersuchte, wie hoch die metallische Leitfähigkeit innerhalb der winzigen (nur 10 nm großen) Nanoteilchen ist.

Anhang 9: Korrosionsschutz

Im Buch beschrieb ich, wie wir durch Zufall eine Reaktion von Polyanilin auf Eisen beobachtet haben. Das erregte meine Neugier, und wir begannen zu messen und tiefer zu analysieren. Als erstes fanden wir heraus, dass unser leitfähiges Polymer das Oberflächenpotential, also das Oxidationspotential des Eisens sehr deutlich in eine edlere Richtung verschiebt; und dies nicht nur für Eisen, sondern auch für Kupfer und Edelstahl, wie ich in Advanced Materials berichten konnte:[32]

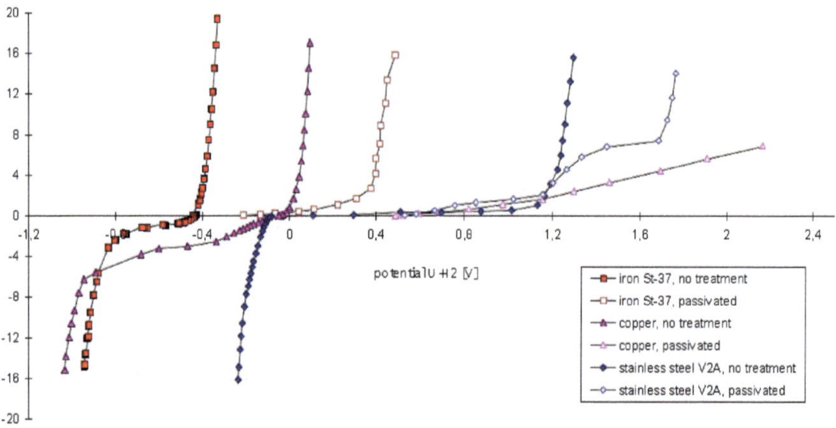

Uns war zu dem Zeitpunkt nicht bewusst, fanden es aber später heraus, dass unser Polyanilin seinerseits ein Potential hat, das knapp unter Silber und noch oberhalb von Kupfer liegt. Es war also ein ziemliches *edles* leitfähiges Polymer. Später, als

---

[32] *B. Wessling, „Passivation of Metals by Coating with Polyaniline: Corrosion Potential Shift and Morphological Changes", Adv. Mater. 6 (3), 226 – 228 (1994), verfügbar hier:*
https://www.researchgate.net/publication/247948063_Passivation_of_Metals_by_Coating_with_Polyaniline_Corrosion_Potential_Shift_and_Morphological_Changes;
Patent: https://patents.google.com/patent/EP0656958A1/en

wir erkannten, dass unser leitfähiges Polymer ein Organisches Metall geworden
war, und zwar ein Nanometall (Anhang 8 und 12), wussten wir: Es ist praktisch
(oder fast) auch ein Edelmetall.

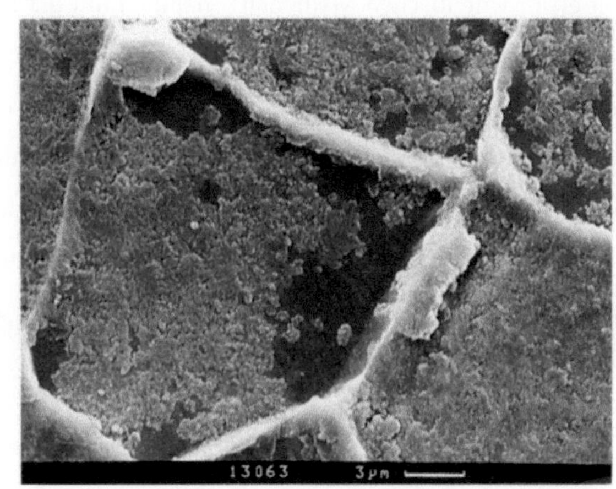

Dann entdeckten wir: Mit diesem Stoff wird die Eisenoberfläche umgewandelt in eine 1 µm dünne, sehr dichte und fest haftende Eisenoxidschicht, siehe das nebenstehende REM-Fotos. Wir analysierten es mittels Röntgenphotoelektronenspektroskopie (XPS): Es ist exakt Fe_2O_3.[33] Dazu musste das Organische Metall in optimaler Dispersion und hauchdünn aufgetragen werden, man musste es ein wenig
wirken lassen, etwa ein bis zwei Tage lang, dann war die Oxidschicht fertig.

Dann machten wir uns an die Entwicklung eines für die Anwendung geeigneten
Produkts, denn diese Ergebnisse versprachen einen neuartigen Korrosionsschutz:
Nicht mehr mittels reiner Barrierelacke oder gar Zinkstaub-gefüllter *Opferano-*
den-Lacke. Sondern durch einen aktiven Schutzmechanismus, die *Passivierung*!
Für Aluminium ist bekannt, dass es sich spontan in Gegenwart von Sauerstoff
selbst passiviert. Es bildet sich Al_2O_3. Edelstahl kann man ebenfalls passivieren –
aber für einfaches Eisen ist dieser chemische Vorgang nicht bekannt. Er war bis-

---

[33] W. K. Lu, R. Elsenbaumer, B. Wessling, Synth. Met. *71* (1 – 3) 2163 – 2166,
      https://www.researchgate.net/publication/223458334_Corrosion_Protection_Of_Mild_Steel_By_Coatings_Containing_Polyaniline

lang nicht möglich! Wir entwickelten einen „Primer" (eine Grundierung), optimierten (= minimierten) den Gehalt an Polyanilin auf nur noch unter 1,5 %. Wir bemerkten, dass wir auf jeden Fall eine Deckschicht benötigen und ermittelten mit elektrochemischen Methoden – nämlich mit der Kelvinsonde und elektrochemischer Impedanzspektroskopie – welche Decklacktypen die am besten geeigneten sind. Für beide Methoden hatten wir modernste Geräte im eigenen Labor verfügbar. Zusätzlich untersuchte ich mit meinen Laboranten jahrelang den Reaktionsmechanismus: Wie schaffte es unser Organisches Metall, auf katalytische Weise exakt Fe_2O_3 zu erzeugen? Das Ergebnis haben wir veröffentlicht,[34] hier ist es aus Vortragsfolien entnommen in etwas schönerer Form dargestellt. Darin stellt ES die leitfähige (grüne) Form des Organischen Metalls dar, LE die reduzierte und EB die neutrale (blaue) Form, die die gleiche Oxidationsstufe wie ES aufweist.[35]

Die Forschung und Entwicklung im Zusammenhang mit diesem Phänomen ermöglichte zahlreiche wissenschaftliche Veröffentlichun-

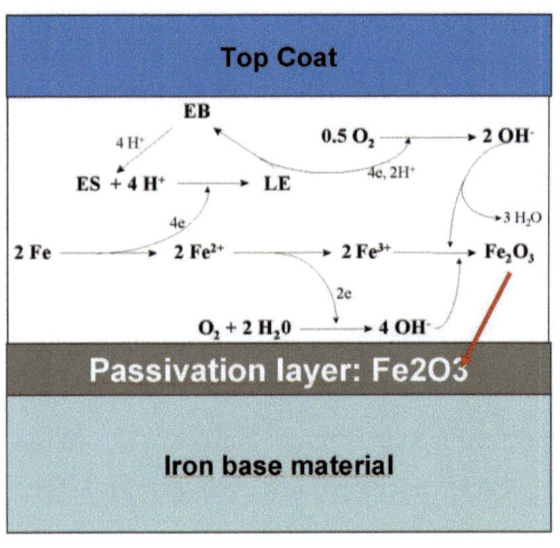

---

[34]   B. Wessling, Mater. Corr. **47**:430 – 445 (1996)
https://www.researchgate.net/publication/239312968_Reaction_scheme_for_the_passivation_of_metals_by_polyaniline

[35]   ES = Emeraldin-Salz, LE = Leucoemeraldin, EB = Emeraldin-Base

gen und zusätzlich Patente.[36,37] Es gelang uns, verschiedenste Arten von Anwendungen für zahlreiche Kunden zu beschichten.[38] Wir entwickelten für unser Produkt einen nennenswerten Markt, und das – zu meiner größten Überraschung, und bei weitem nicht nur meiner – vor allem in Japan. Hier erlebten wir einen echten Durchbruch. Wie ich im Buch erwähnte, ist es bedauerlich, dass der Käufer meiner Firma diese hervorragenden Ansätze nicht weiter entwickelte. Das versuchen wir nun in einer neuen Firma, wieder neu aufzubauen.[39]

---

[36] *zusammenfassend beschrieben in diesen beiden Artikeln in zwei unterschiedlichen „handbooks", wo auch die Originalquellen zitiert sind (die auch direkt unter https://www.researchgate.net/profile/Bernhard-Wessling gefunden werden können): B. Wessling in: Handbook of Nanostructured Materials and Nanotechnology, Vol. 5, H. S. Nalwa (ed.), Academic Press 2000, p. 501 – 575*
https://www.researchgate.net/publication/253651172_Conductive_Polymers_as_Organic_Nanometals und
B. Wessling in: Handbook of Conductive Molecules and Polymers, Vol. 3, H. S. Nalwa (ed.), Academic Press 1997, p. 499 - 632
https://www.researchgate.net/publication/255785634_Metallic_Properties_of_Conductive_Polymers_due_to_Dispersion

[37] *https://www.researchgate.net/publication/348716757_Patent_overview_connected_with_Corrosion_protection_passivation_and_Organic_Metal*

[38] *https://www.researchgate.net/publication/322301686_CORRPASSIV_Industrial_Reference_Objects*

[39] *www.ormecon.co*

Anhang 10: Leiterplatten-Endoberfläche

Im vorangehenden Kapitel konnten Sie lesen, dass das Organische Metall (OM) auch Kupfer veredeln und passivieren kann. Angeregt durch einen Ingenieur der Leiterplattentechnologie begannen wir, uns auch damit zu befassen. Die Aufgabenstellung war nicht, Kupfer vor Korrosion zu schützen. Kupfer korrodiert nicht wirklich. Kupfer bildet eine Oxidschicht, die bereits nach einem Tag das Löten erschwert oder verhindert. Es ging also darum, Kupfer *perfekt lötfähig* zu halten.

Der Hintergrund ist der folgende: Im Unterschied zur Vorgehensweise einige Jahrzehnte zuvor werden seit den 1990er Jahren Leiterplatten in immer schnelleren und vollautomatischen Anlagen in sehr großen Mengen *bestückt*. Diese Automaten setzen die elektronischen Bauteile

(Widerstände, Kondensatoren, Chips) auf die rohe (unbestückte) Leiterplatte und verlöten die Kontaktfüßchen der Bauteile mit den Kontaktflächen auf der rohen

Leiterplatte. Das sieht dann nach der Bestückung wie im auf der vorigen Seite gezeigten Foto aus.[40]

Zeitlich parallel mit dem Technologiefortschritt der Bestückungsautomaten und der elektronischen Bauteile wurden immer schärfere Regeln und Gesetze erlassen, die den Gebrauch ausrei-

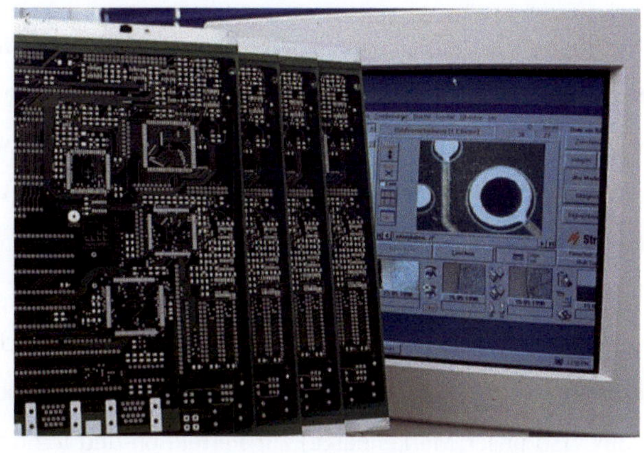

chend leistungsfähiger Fluxer praktisch vollständig einschränkten. Fluxer dienen dazu, die auf Kupfer sehr schnell innerhalb von einem oder wenigen Tagen entstehenden Oxidschichten zu entfernen und die metallische Oberfläche dem Lot frisch anzubieten. Wir mussten also „nur" die Oxidschicht möglichst dünn halten. Optimistisch gingen wir ans Werk – aber es erwartete uns eine herbe Enttäuschung: Zwar schützten wir das Kupfer vor intensiver Oxidation, aber die Oberfläche war nach Beschichtung mit unserem Organischen Metall praktisch überhaupt nicht lötfähig. Schließlich entwickelten wir ein neuartiges Verfahren: Wir präparierten die Kupferoberfläche mit einer wäßrigen Dispersion unseres Organischen Metalls und beschichteten diese mit einer dünnen Zinnschicht. Danach sind die ursprünglich kupferfarbenen Kontaktflächen der Leiterplatten vor der Bestü-

---

40   https://commons.wikimedia.org/wiki/File:Sony_DEC-98_167221421_BKMA_7030_Decoder_Board.jpg#/media/File:Sony_DEC-98_167221421_BKMA_7030_Decoder_Board.jpg

ckung nun matt-silbrig-weiß (Bild oben).[41] In diesem Prozess katalysiert das OM die Zinnabscheidung.

Mit diesem Verfahren hatten wir zwar zunächst Schwierigkeiten, überhaupt in den Markt zu kommen, weil wir im Leiterplattenmarkt vollkommen unbekannt waren. Wir setzten uns aber entgegen allen unseren Erwartungen und denen der großen etablierten Leiterplatten-Chemielieferanten aufgrund der Leistungsfähigkeit des Verfahrens doch nach und nach durch. Zuerst in Europa, dann in den USA, dann in Korea und ab Anfang der 2000er Jahre auch in China. Ich ging schließlich in dieses große, aufstrebende Land, wovon ich etwas mehr in meinem anderen Buch erzähle.[42] Während dieser Zeit entwickelten wir „ORMECON CSN" (so unser Markenname) zur Perfektion und lernten auch immer mehr darüber, warum unser Verfahren dem des größten Konkurrenten überlegen ist.[43,44] Es gelang darüber hinaus, die für die Lötfähigkeit erforderliche Zinnschicht drastisch zu reduzieren.[45]

---

[41] *Eigenes Foto für Ormecon*

[42] *B. Weßling, „Der Sprung ins kalte Wasser. Mit offenen Augen und Ohren in China leben und arbeiten.", Eulenspiegel-Verlagsgruppe 2022*

[43] *B. Wessling, N. Ahrendt, F. Baron, M. Letterer, H. Merkle, S. Schröder, OnBoard Technol. Sept. 2004, 30 – 32*
https://www.researchgate.net/publication/237046515_A_superior_whisker_reducing_Immersion_Tin_Technology

[44] *https://www.researchgate.net/publication/317686554_ORMECON_CSN_Key_Facts_Comparison_with_Competitor*

[45] *https://www.researchgate.net/publication/317695713_ORMECON_CSN_Nano_solderability_introduction*

Es blieb aber nach wie vor etwas offen, ungelöst, was mich sehr störte: Warum sollte es nicht möglich sein, einen Lötfähigkeitsschutz nur mit einer wirklich nanometerdünnen Schicht meines Organischen Metalls zu erzeugen? Mit einem meiner Laboranten arbeitete ich mehrere Jahre daran, schließlich gelang es uns. Wir veröffentlichten das Ergebnis in einem wissenschaftlichen Magazin, dessen Schwerpunkt die Nanotechnologie ist.[46]

Auch dieses Verfahren konnten wir patentieren und in den Markt einführen, aber es gelang kein breiter Durchbruch, denn die Freigabeprozeduren sind einfach zu langwierig: Wenn wir zu dem Zeitpunkt, als wir das Verzinnungsverfahren mit der katalytischen Vorbehandlung durch das Organische Metall einführten, statt dessen mit diesem Verfahren bereits hätten einsteigen können, wäre es vielleicht von Erfolg gekrönt gewesen. Das zeigt noch einmal die Rolle und Macht des Zufalls!

Die Schicht hatte eine nominelle Dicke von nur 50 Nanometern. Nähere Untersuchungen zeigten aber, dass es keine dicht gepackte hauch-

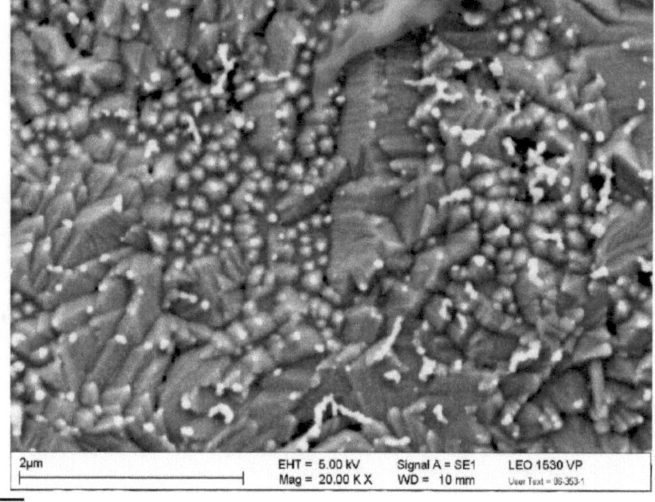

---

[46] *B. Wessling, M. Thun, C. Arribas-Sanchez, S. Gleeson, J. Posdorfer, M. Rischka, B. Zeysing, Nanoscale Res. Lett. 2, Article No. 455 (2007)*
https://link.springer.com/article/10.1007/s11671-007-9086-0

dünne Schicht ist, sondern auf der rauhen Kupfer-Oberfläche einigermaßen gut verteilt, überwiegend auf den Graten der angerauhten Kupferoberfläche angesiedelte Nanoteilchen mit etwa 70 bis 100 nm Durchmesser (REM-Foto).[47]

Dies war eine REM-Aufnahme mit 20.000facher Vergrößerung. Später gelang es mir, ein Labor zu finden, in dem es möglich war, die Oberfläche sogar mit 250.000facher Vergrößerung zu untersuchen. Dabei entdeckten wir, dass zwischen den oben gezeigten etwas größeren Nanoteilchen noch zahllose viel kleinere Teilchen von etwa 10 bis 20 nm Größe die Oberfläche besiedelten:[48]

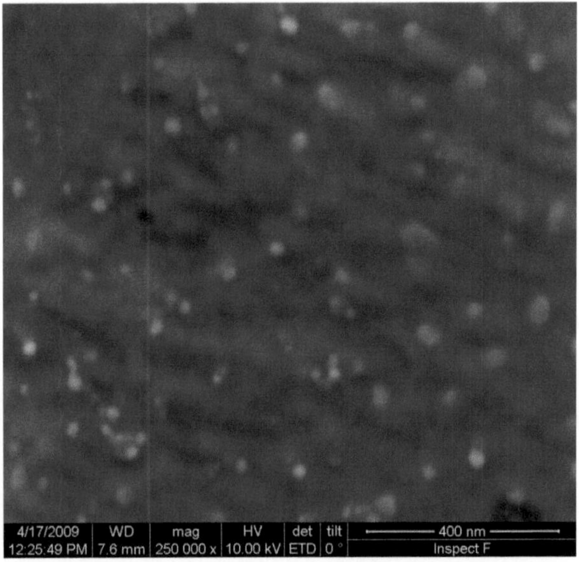

Dies war ein Durchbruch der chemischen Nanotechnologie, wenn auch überwiegend nur für die Wissenschaft und leider nicht auch für den Markt.

---

[47]   *Vorangehende Referenz Fig 4*

[48]   *B. Weßling, unveröffentlicht*

Anhang 11: Die Nicht-Gleichgewichts-Thermodynamik von Dispersionen und Emulsionen (am Beispiel der Dispersion in thermoplastischen Polymer-Systemen)

Teil 1: Der Weg zur Nicht-Gleichgewichts-Dispersions-Theorie

Ich hatte die (vollkommen unzutreffende!) Analogie *Füllstoffe einmischen, also auch leitfähige Polymere einmischen* als Start-*Geistesblitz* gehabt; danach hätte alles im Sande verlaufen können, denn

a) ich musste *dispergieren*, nicht *einmischen*, das ist ein Riesenunterschied!

b) wenn die leitfähigen Polymere tatsächlich gestreckt-langkettige fibrilläre Stoffe gewesen wären, wäre Dispersion eine Sackgasse gewesen, aber ich hatte Glück: Sie bestehen aus kugelförmigen Primärteilchen, und ich hatte das Glück, diese entdecken zu dürfen.

Deshalb musste ich erst einmal herausfinden, wie ich diese Stoffe überhaupt dispergieren konnte. Im Unterschied zu Pigmenten, die manchmal leicht, manchmal schwer zu dispergieren, aber immer im Prinzip dispergierbar waren, verhielten sich meine ersten leitfähigen Polymerpulver wie Kieselsteine und schlimmer als Mehl in Wasser. Aber warum? Und ich musste herausfinden: Was ist überhaupt *Dispergieren*? Was ist der Unterschied zu *Einmischen* oder *Untermischen*? Wenn es einen Unterschied gibt, worin besteht er? Was geschieht während eines echten Dispersionsvorgangs?

Hier ist die Kette der Zufälle zu sehen: Der Zufall, auf *Dispergieren* zu kommen, wo alle anderen Forscher an langkettige Fibrillen denken, für die *dispergieren* total abwegig wäre; der Zufall, nachzuschauen, wie die *Fibrillen* genauer aussehen, und herauszufinden, dass es statt Fibrillen (Nano-)Kügelchen sind. Zwar **erkannte** ich sehr viel später: Es ging gar nicht anders, es MUSSTEN kugelförmige Nanopartikel sein, und sie zwaren ZWANGSLÄUFIG extrem schwer dispergierbar, weil leitfähige Polymere eine für organische Stoffe **unglaublich** hohe Oberflächenspannung aufweisen. So hoch, dass man sie gar nicht **so einfach** messen kann: Sie ist **etwa zehn Mal größer** als die von Wasser und somit im Bereich von Metallen. Aber das konnte damals niemand wissen, ich natürlich auch nicht. Diese sehr späte Erkenntnis **stellte** dann im Nachhinein auch die Erklärung dafür dar, warum diese Stoffklasse nicht nur prinzipiell unlöslich, sondern auch so irrsinnig schwer zu dispergieren ist!

Ich erarbeitete mir zunächst langsam eine qualitative Vorstellung vom *Nicht-Gleichgewicht*. Die Strukturen zeigten sich mir deutlich, ich verstand den Mechanismus der Strukturbildung immer besser und immer mehr im Detail, es wurde eindeutig klar: Das sind Prigogine's *dissipative Strukturen*! Der nach wie vor anhaltende Widerstand aus den Kreisen meiner internationalen Forscherkollegen (richtiger: „-konkurrenten") motivierte mich, noch tiefer in die Nicht-Gleichgewichts-Thermodynamik einzusteigen. Ich entwarf eine erste quantitative Theorie der Dispersion und formulierte ein neues *Paradigma*.[49]

---

[49]   *B. Wessling, Synth. Met. 45 (2): 199- 149 (Nov. 1991), zugänglich hier https://www.researchgate.net/publication/233979584_Dispersion_hypothesis_and_non-equilibrium_thermodynamics_key_elements_for_a_material_science_of_conductive_polymers_A_key_to_understanding_polymer_blends_or_other_multiphase_polymer_systems*

Die Grundzüge trug ich 1991 auf einem von mir und meinem Freund Dr. Ron Elsenbaumer[50] organisierten Workshop vor. An diesem nahm nur eine Handvoll der
führenden Forscher auf dem Gebiet teil, u. a. die beiden späteren Nobelpreisträger
Prof. MacDiarmid und Prof. Heeger. Ich verglich das immer noch bestehende alte
und aus meiner Sicht unpassende Paradigma (*gestreckte Ketten / Lösung / Gleichgewicht*) mit meinem neuen Paradigma (*Nanokügelchen / Dispersion / Nicht-
Gleichgewicht*) und belegte den theoretischen und praktischen Wert dieser Hypothese. Nicht zuletzt, so dachte ich, müssten die ersten kommerziellen Erfolge als
praktischer Beweis durch das Funktionieren im realen Leben überzeugen können.
Ich wurde enttäuscht. Es änderte sich gar nichts. Zehn Jahre später erhielten die
Professoren Heeger, MacDiarmid (beide USA) und Shirakawa (Japan) für die
Entdeckung der leitfähigen Polymere den Nobelpreis mit einer Begründung, die
nach wie vor das alte ursprüngliche Paradigma widerspiegelte (siehe Kapitel 3
und 5).

Im gleichen Zeitraum versuchte ich, mit Prof. Prigogine zu diskutieren. Er schrieb
mir immerhin zurück und entschuldigte sich, dass die NGG-Thermodynamik inzwischen zu weit entfernt von seinem derzeitigen Interessensgebiet sei (das war,
wie ich später erfuhr, Kosmologie und die *Zeit* geworden). Der Brief von Prigogine ist auf der letzten Seite dieses Anhangs zu finden. Deshalb suchte und fand ich

---

[50] *Damals Forschungsgruppenleiter von AlliedSignal, einem Lizenznehmer von uns; er
war nach Jahren Überzeugungsarbeit der einzige maßgebliche Wissenschaftler, der
von der Richtigkeit meiner Hypothese und Forschungs-Strategie überzeugt war, wir
kooperierten sehr intensiv. Er wurde später Professor an der Universität Arlington /
Tx und noch später Dekan, anschließend Vizepräsident der Universität, seit 2017 ist
er Kanzler der Purdue University (Indiana):
https://www.uta.edu/enews/email/2017/09-21-elsenbaumer.html und
https://www.purdue.edu/newsroom/releases/2017/Q3/elsenbaumer-named-as-
chancellor-of-purdues-fort-wayne-campus.html.*

Kontakt zu dem führenden Nicht-Gleichgewichts-Thermodynamiker Deutschlands, Prof. Werner Ebeling, damals tätig an der Humboldt-Universität Berlin. Zunächst tauschten wir uns per email aus. Dann schlug er vor, ich solle meine Theorie ihm und dem engsten Mitarbeiter und Co-Autor von Prigogine und dessen Nachfolger auf dem Lehrstuhl in Brüssel, Prof. Grégoire Nicolis, persönlich vortragen. Er werde das Treffen organisieren.

Wie ich schon im Textteil des Buches schrieb: Es wurde das intimste, hochrangigste und vor allem produktivste wissenschaftliche Treffen, an dem ich jemals teilgenommen habe. Nur wir drei diskutierten in der Brüsseler Universität in Nicolis' Büro, das Jahre zuvor Prigogines Büro war, ich trug vor, die beiden Professoren befragten mich, diskutierten mit mir, kritisierten mich.

Während meines Vortrags wurde ich oft mit Zwischenfragen und Kommentaren unterbrochen, nachher gab es viel Zustimmung und Anerkennung. Auch meine Entschuldigung, dass ich meine Theorie nicht *ab initio* hergeleitet, sondern aus experimentellen Befunden abgeleitet hätte, wurde voll akzeptiert und verstanden. Schließlich seien allein schon Strömungen, die beim Dispergieren eine wichtige Rolle spielen, bisher theoretisch nicht wirklich verstanden worden.

Dann kam die entscheidende Frage: Jedes Nicht-Gleichgewichtssystem, das dissipative Strukturen entwickele, komme in diesen Zustand erst, wenn es sich „*fern vom Gleichgewicht*" befinde. „Was ist nun in Ihrem System der kritische Parameter, der dafür sorgt, dass es ein richtiges *gleichgewichtsfernes* Nicht-Gleichgewichtssystem wird und dissipative Strukturen entwickelt?"

Das konnte ich spontan nicht beantworten, versprach aber, darüber nachzudenken. Das haben beide gut verstanden. Professor Ebeling machte mir mit engagierten Worten klar, dass dies unumgänglich für die Beschreibung eines Nicht-Gleichgewichtssystems sei. Er sagte zu, wenn ich die Antwort gefunden hätte, könne ich einen Artikel darüber schreiben, er selbst würde ihn als Gutachter lesen und beurteilen. Wir würden ihn gemeinsam verbessern, dann könnte er schleunigst in der *Zeitschrift für Physikalische Chemie*, deren Herausgeber er war, veröffentlicht werden.

Schon bald hatte ich die Antwort gefunden: Die Scherrate, das Schergefälle. In allgemeinverständlichen Worten: die Intensität des Rührens, des Mischens, mit der die ursprünglichen Agglomerate in schließlich weniger als 1 µm kleine Teilchen zerteilt werden), und zwar eine kritische Scherrate, die die Flüssigkeit in *Turbulenz* versetzt. Diese zunächst nur qualitative Antwort hatte ich entdeckt, während ich im Kopf (als *Gedankenexperiment*) Dispersionsvorgänge habe ablaufen lassen, und zwar solche, die dazu führten, dass gut dispergiert wurde, und solche mit wenig oder gar nicht erfolgreicher Dispersion. Solche Vorgänge kannte ich real aus dem Labor, aber auch aus der Produktion. Anschließend habe ich die Maschinen und Prozesse, die wir zum Dispergieren nutzten, daraufhin analysiert, ob sie tatsächlich Turbulenz erzeugten: Genau das war der Fall, bei Polymeren durch den sog. *Schmelzebruch*[51] erkennbar.

Viel schwieriger war es, dies auch theoretisch zu beschreiben und Gleichungen zu erarbeiten, mit denen man die Größe des kritischen Parameters, der Scherrate (oberhalb der dann Turbulenz auftreten würde), abschätzen oder berechnen konn-

---

[51] *oder auch „Schmelzbruch" genannt, vgl. RÖMPP-Redaktion, Schmelzbruch, RD-19-01035 (2002) in Böckler F., Dill B., Eisenbrand G., Faupel F., Fugmann B., Gamse T., Matissek R., Pohnert G., Rühling A., Schmidt S., Sprenger G., RÖMPP [Online], Stuttgart, Georg Thieme Verlag, [Juli 2022] https://roempp.thieme.de/lexicon/RD-19-01035*

te. Die entscheidende Gleichung ist nichtlinear, sie beschreibt die Dispersion als einen nicht linear fortschreitenden Vorgang, was sie auch ist: Am Anfang passiert nicht viel, dann gibt es plötzlich, sobald Turbulenz eingesetzt hat, einen Durchbruch, und anschließend werden nur noch wenige übrig gebliebene Agglomerate zerteilt und ebenfalls dispergiert. Als mir das nach einigen Wochen gelungen war, schickte ich meinen Entwurf Professor Ebeling zu. Er antwortete umgehend überwiegend zustimmend und anerkennend und schickte mir eine kurze, überschaubare Liste von Fragen und Bemerkungen. Diese konnte ich ohne viel Mühe verarbeiten, und schon bald wurde diese wichtige Theorie veröffentlicht: „Critical Shear Rate – the Instability Reason for the Creation of Dissipative Structures in Polymers".[52] Es ist (zusammen mit Teil 1 meiner Nicht-Gleichgewichtstheorie) eine meiner nur drei rein theoretischen Veröffentlichungen,[53] basiert aber wie die beiden anderen auch vollkommen auf experimentellen Daten und Fakten, bildet also die Wirklichkeit ab und verallgemeinert sie theoretisch. Hier können Sie die resultierende Gleichung sehen.

---

[52] *B. Wessling, Zeitschrift für Physikalische Chemie, 191, (1995), S. 119-135; hier zugänglich:*
https://www.researchgate.net/publication/202290104_Critical_Shear_Rate_-_the_Instability_Reason_for_the_Creation_of_Dissipative_Structures_in_Polymers

[53] *Die erste war der Nachweis, dass leitfähige Polymere prinzipiell unlöslich sind; in dieser Veröffentlichung sind alle wesentlichen experimentellen Befunde, die diese Schlussfolgerung erzwingen, dargestellt, und zudem habe ich dies auch thermodynamisch hergeleitet; siehe B. Wessling (submitted for publication) https://www.researchgate.net/publication/202290125_Conductive_Polymer_Solvent_Systems_Solutions_or_Dispersions; dieser Text erschien später in einem von mir geschriebenen Kapitel eines Handbuchs, als Unterkapitel 2. des Gesamtkapitels, siehe https://www.researchgate.net/publication/253651172_Conductive_Polymers_as_Organic_Nanometals.*

Die zweite ist die hier beschriebene Nicht-Gleichgewichtstheorie, die dritte (eine Turbulenztheorie mit Helmut Baumert) beschreibe ich qualitativ in Anhang 13.

The "dispersion law" might therefore have a special solution like

$$n = \left(\frac{r_u}{r_d}\right)^3 \cdot n_0 \cdot e^{-\frac{c}{r_d \cdot t \cdot s_r}}. \tag{15}$$

Two new factors have been introduced:
r_d is describing the particle radius after dispersion;
c is a constant, describing the dispersability, and it is used with the dimension $[c] = [m]$.

The expression c/r_d has the dimension 1, with $[c] = [m] = [(m^2 * N)/(N * m)] = $ [surface tension/pressure]. This is correctly reflecting the fact, that dispersion is the result of a stress (pressure: N/m^2), being applied against a surface tension (N/m) of the material to be dispersed. The "dispersion stress" is transferred to the agglomerates to be dispersed via the shear force, applied on the polymer matrix $(W_\eta = \eta * V * s_r)$.

In dieser Veröffentlichung erläuterte ich zusätzlich, dass auf die gleiche Art auch alle anderen Dispersionen und Emulsionen ebenfalls verstanden und beschrieben werden können. Also nicht nur die, in denen thermoplastische Polymere die Matrix bildeten, in denen submikroskopische Teilchen dispergiert werden, sondern jede andere Flüssigkeit als Dispersionsmedium mit jedem anderen Stoff, der in dieser Flüssigkeit dispergiert / emulgiert wird, selbst wenn die Flüssigkeit nach der Herstellung der Dispersion erstarrt, ein Festkörper wird. Sie alle sind Nicht-Gleichgewichtssysteme und bilden (*eingefrorene*) dissipative Strukturen aus, die ich in verschiedenen späteren Veröffentlichungen auch elektronenmikroskopisch abgebildet zeigte und beschrieb.

Dies ist eine spezielle nicht-gleichgewichts-thermodynamische Theorie auf der Grundlage der allgemeinen Nicht-Gleichgewichts-Thermodynamik, wie sie Jahrzehnte zuvor von Ilya Prigogine entwickelt wurde.

Teil 2: Sind Nicht-Gleichgewichtssysteme instabil?

Dispersionen sind, wenngleich Nicht-Gleichgewichtssysteme, nicht notwendiger-weise instabil. Analog einem Ball, der auf einer schiefen Ebene herabrollt, bis er *unten* (also im Gravitationsgleichgewicht) angekommen ist. Wir können ihn aber auch mit einigem Energieaufwand auf ein Dach werfen. Von dort kann er in die Regenrinne rollen, wo er nach wie vor aufgrund der Schwerkraft potenzielle Energie besitzt, die aber nicht gewonnen werden kann, weil die Regenrinne ihn festhält. So ähnlich kann man sich das Ergebnis von energieaufwendig erzeugten Dispersionen vorstellen: Die dabei entstehenden dissipativen Strukturen stabili-sieren das System, deshalb ist eine komplette Energiefreisetzung auf dem Weg zu einem Gleichgewichtssystem nicht so einfach möglich. Das entsprechende Gleichgewichtssystem wäre eine komplette Entmischung der Stoffe – und das ist unmöglich. Dispersionen und Emulsionen sind dynamische Systeme und reagie-ren auf kleinste Veränderungen häufig überraschend sehr dramatisch. Auch wir selbst, die Natur, jeder Organismus, Ökosysteme, der Kosmos, das Wetter und das Klima, die Evolution, menschliche und tierische Gesellschaften, Kulturen, alles sind dynamische Systeme, in denen Chaos und Ordnung herrschen. Und in denen gleichzeitig Ordnung aus Chaos entsteht: Selbstorganisation, „order from chaos", so beschrieb es Ilya Prigogine. Werden und Vergehen.

Anhang 12: Aktueller Wissensstand „Struktur und Eigenschaften des Organischen Metalls"

Teil 1: Neue Erkenntnisse zur chemischen Zusammensetzung und Kettenanordnung

In dieser Veröffentlichung stellte ich den damals (2010) aktuellsten Stand meiner Forschung dar:[54]

- Die Struktur von Polyanilin: Es sind nur kurze Ketten (12 Anilin-Einheiten), sie formen eine kurze Helix mit nur einer Schraubenumdrehung. Die entscheidende Dispersion – die den „Isolator → Metall-Übergang " bewirkt – macht aus 10 nm kugelförmigen Primärpartikeln ellipsoidale. Man kann sie sich fast wie ein abgerundetes Brikett vorstellen, mit Abmessungen von 13 x 6

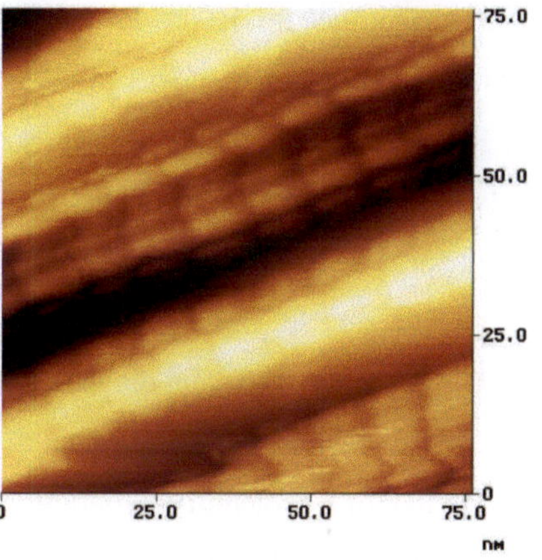

nm (Abmessungen aus der Raster-Tunnelmikroskopie, Bild unten).[55] Die PAni-Kette mit der Helix-Schraube hat einen Durchmesser von etwa 3,5 nm; 15 bis 20 solcher Ketten befinden sich im Primärpartikel.

---

[54] B. Wessling, Polymers 2010, 2 (4) 786 – 798, frei zugänglich hier
https://www.mdpi.com/2073-4360/2/4/786/htm

[55] Bild aus Vortrag auf der ICSM 2010 in Kyoto,
https://www.researchgate.net/publication/237904229_B_Wessling_ICSM_Kyoto_2010
-07

- Die metallische Eigenschaft entsteht, weil die ursprünglich nahezu exakt kugelförmigen Primärpartikel bei der Dispersion die Form von Ellipsoiden annehmen, wobei sich die kurzen helikalen Spiralenstücke so anordnen, dass sie auf einmal nicht mehr ungeordnet im 10-nm-Primärpartikel herumliegen, sondern in einer Reihe schön angeordnet werden, sodass die Helix (Schraubenwindung) effektiv länger wird. Diese Anordnung ist sicher noch nicht perfekt, aber sehr deutlich erkennbar: Vor der Dispersion sind die kurzen *Schraubenstücke* komplett ungeordnet, nun sind sie wenigstens schon etwas geordnet. Die roten Pfeile in Fig. 9[53] symbolisieren den Weg und die Richtung des Elektronenflusses; die blauen Pfeile mit der Beschriftung „2.2 nm plane distance" in Fig. 10[53] zeigen einen Abstand an, den ich im Röntgendiffraktogramm (small-angle x-ray scattering, SAXS) entdeckte, der vor der Dispersion nicht auftritt. Die Tatsache, dass der Peak im Spektrum zwar stark war, aber relativ breit, zeigte, dass eine gewisse Ordnung erreicht war, aber noch keine perfekte.

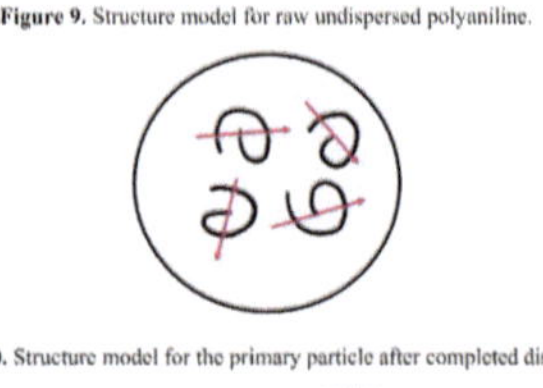

Figure 9. Structure model for raw undispersed polyaniline.

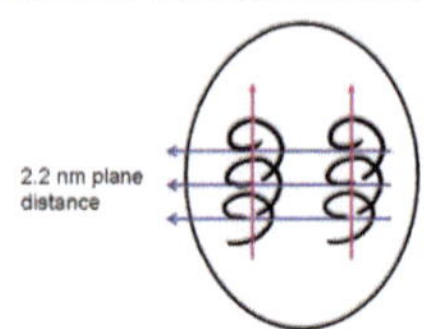

Figure 10. Structure model for the primary particle after completed dispersion.

- Erstmalig berichtete ich auch über die Polyanilin-Metall-Komplexe mit Eisen, Kupfer, und anderen Metallen (vierzehn Jahre, nachdem ich dazu ein Patent[56] angemeldet und später erteilt bekommen hatte, das öffentlich einsehbar war, aber nicht beachtet wurde; vierzehn Jahre, nachdem wir es bereits in großem Umfang

---

[56]   *B. Wessling EP 1002322 A1, https://patents.google.com/patent/EP1002322A1/en?oq=bernhard+wessling+zipperling+polyaniline (letzter Zugriff am 10. 2. 2022)*

praktisch verwendeten, in Produkten, die wir an zahlreiche industrielle Kunden verkauften und freizügig bemusterten, ohne dass die internationale Forschergemeinde davon etwas bemerkte). Diese Entdeckung war der Schlüssel zur Anwendung von Polyanilin im Korrosionsschutz gewesen, der leider von EMC eingestellt wurde. Auch diese Erkenntnis hat niemand, soweit ich es beurteilen kann, jemals aufgegriffen oder zumindest nachgearbeitet, obwohl später viel über die Korrosionsschutzwirkung des Polyanilins veröffentlicht wurde und viele meiner entsprechenden Veröffentlichungen zitiert wurden.

- Interessant ist auch, dass ich damals im Nachhinein die Analyse von 1997 besser verstand, wonach 1 Cu-Ion pro 12 Anilineinheiten in dem Komplex zu finden ist. Denn mit MALDI-TOFF hatte ich die Kettenlänge zu 12 Anilin-Einheiten, die die kurze Helix bildeten, bestimmt. Es passte wunderbar zusammen, in eine (1) kurze Helix-Schraube wird ein (1) Kupfer-Ion eingebaut!

Mit diesen Erkenntnissen war nicht nur das Forschungsziel *die Dispersion verstehen* und das Forschungsziel *leitfähige Polymere durch Dispersion verarbeitbar machen* erreicht, sondern auch ein weiteres, noch komplizierteres: „Wie sieht Polyanilin aus, was sind seine Eigenschaften?" Ohne die Forschungskooperation meiner Arbeitsgruppe mit der Kölner Gruppe von Prof. Nimtz, der neuseeländischen von Prof. Kaiser und der indischen von Prof. Rangarajan wäre dies nicht möglich gewesen.

Teil 2: Wie leitfähig können Organische Nanometalle werden?

Später geschah es auch, dass mir unbekannte Forscher mich ansprachen. Einer davon war Professor Krinichnyi aus Russland, der mich sogar in meiner Firma Ormecon in Ammersbek bei Hamburg besuchte. Er ist ein unglaublich sprudelnder Geist, was für ein Genie, dem ich kaum folgen konnte, wenn wir diskutierten! Er hatte Gefallen gefunden an meinem Organischen Metall. Ich versorgte ihn mit Mustern, die er mit Techniken, die ich nur ansatzweise verstand (ESR = Elektronenspinresonanz), untersuchte, und die Ergebnisse mit einer Mathematik, die ich gar nicht verstand, auswertete. Dabei kam heraus, dass die innere Leitfähigkeit der einzelnen Nanopartikel (ca. 10 nm klein) meines Organischen Metalls mindestens 1.500 bis 4.000 S/cm betrug, vielleicht sogar bis 65.000 S/cm. Kupfer liegt nur etwa knapp eine Zehnerpotenz darüber. Bis 2008 konnten wir makroskopische Messungen an gegossenen Folien auf nahe 1.000 S/cm steigern, was schon Weltrekord war. Professor Krinichnyi und ich veröffentlichten zusammen vier Artikel, die drei hier zitierten sind die wertvolleren.[57] Ich wollte eigentlich herausfinden, was maximal möglich war, wenn es gelänge, die Begrenzung aufgrund der Nanopartikel-Struktur zu überwinden. 65.000 S/cm? Solche Werte zu errei-

---

[57]   *1) V. Krinichnyi, S. Tokarev, H.-K. Roth, M. Schrödner, B. Wessling, Synth. Met. **152** (1), 165 – 168 (2005)*
*https://www.researchgate.net/publication/236865616_Multifrequency_EPR_study_of_metal-like_domains_in_polyaniline 2) V. Krinichnyi, H.-K. Roth, M. Schrödner, B. Wessling, Polymer **47** (21), 7460 – 7468 (2006)*
https://www.researchgate.net/publication/222425555_EPR_study_of_polyaniline_highly_doped_by_p-toluenesulfonic_acid 3) V. Krinichnyi, S. Tokarev, H.-K. Roth, M. Schrödner, B. Wessling, Synth. Met. 156 (21-24) 1368 – 1377 (2006)
https://www.researchgate.net/publication/222519434_EPR_study_of_charge_transfer_in_polyaniline_highly_doped_by_p-toluenesulfonic_acid (letzter Zugriff auf alle Seiten am 10. 2. 2017)

chen, ist mir bis heute nicht gelungen. Mit meinem Team bei der neuen Ormecon Pvt. Ltd., Pune, India (ormecon.co), arbeite ich an einer neuen Synthesestrategie.

Anhang 13: Turbulenztheorie

Wir hatten uns schon zu Ormecon-Zeiten gefragt, warum im Labor die Beschichtung von Leiterplatten mit Zinn mit unserem ORMECON CSN-Verfahren zum Beispiel zwölf Minuten dauerte (die übrigen Verfahrensschritte vor und nach der Verzinnung nicht eingerechnet), in der Produktion aber bei gleicher Temperatur 18, 20 oder gar 24 Minuten. Wir hatten dafür eine Maßzahl entwickelt, sodass wir auch das Verhalten der wässrigen Zinnformulierung bei unterschiedlichen Temperaturen und in unterschiedlichen Anlagen vergleichen konnten. Dieses war unser *Beta*-Wert, und wir setzten ihn für das Labor = 1. In der Produktion konnten wir dann nur Werte von 0,6 bis 0,8 messen.

Woran lag das? Ich warb dafür, hierzu ein umfassendes Forschungs- und Analyseprojekt zu starten, konnte jedoch die Chefs von EMC (die die damalige deutsche Ormecon gekauft hatte) nicht überzeugen. Also machten wir es heimlich. Wir untersuchten die thermischen Abbaureaktionen unserer Zinnchemie. Es gelang, die wesentlichen Reaktionen aufzuklären und sogar Abbauprodukte zu identifizieren. Der Abbau geschah nicht durch eine Reaktion oder vielleicht eine zweite nachfolgende, sondern im Wege eines komplizierten Reaktionsnetzwerks. Genau eins der vielen entstehenden Abbauprodukte war in der Lage, die Zinnabscheidung zu verzögern. Es hätte eine vollkommen neue Formulierung des Zinnbades erfordert, wenn wir eine Idee gehabt hätten, wie man diesen Stoff abfangen bzw. unschädlich machen könnte. Eine neue Formulierung hätte aber geheißen: alle Freigabetests, alle Freigabeformalitäten bei allen Kunden und Endkunden nochmal von vorn. Weltweit. Das ist undenkbar, nicht machbar.

Somit wäre es der einzige Weg zur Dämpfung dieser Abbaureaktionen gewesen, die Temperatur zu senken, was die Reaktion weiter verlangsamt hätte. Ein Teufelskreis. Ohnehin vermutete ich auch einen mechanischen Störfaktor, aber was für einer könnte das sein? Das Problem quälte mich, bis ich schließlich den wesentlichen Unterschied erkannte: In unseren kleineren Laboranlagen verwendeten wir keine Pumpen, in den großen und bis zu 45 m langen Produktionsanlagen ging die Zahl der Pumpen in die Dutzende. Sie waren erforderlich, um die Chemikalien vom Vorratstank, wo sie auf Betriebstemperatur gebracht wurden, nach oben in den Behandlungstank der Anlagenmodule (und zudem noch durch enge Verteilungskanäle) zu pumpen. Im Inneren der Pumpen herrschte extrem starke Turbulenz. Es hat sehr lange gedauert, bis mir das auffiel. Und es hat eine weitere lange Zeit gedauert, bis mir klar wurde, dass in diesem Fall die Turbulenz nicht meine Freundin war. Vielmehr überstrapazierte sie offenbar die empfindliche Emulsion,[58] was vermutlich eine neue unwillkommene Nicht-Gleichgewichtsstruktur hervorrief, die den komplizierten Reaktionsablauf verlangsamte. So half mir mein tiefes Verständnis für kolloide Systeme, dieses Problem einer Lösung zuzuführen.

Anschließend dauerte es weitere Monate, bis ich wiederum *plötzlich* auf eine Idee kam, wie ich die Pumpen ersetzen könnte: durch Propeller! Ich ließ einen ersten Propeller beschaffen, den wir in der kleinen Vertikalanlage in Ammersbek mit Erfolg testeten. Wenn wir die Anlage mit Pumpe betrieben, war der Beta-Wert niedrig, wenn mit Propeller, erholte er sich und kletterte in Richtung 1. Ich schrieb

---

[58] *Obwohl das Zinnchemieprodukt „CSN 7004" durchsichtig klar ist, leicht gelblich gefärbt, ist die Zinnchemie-Flüssigkeit keine Lösung, sondern eine Emulsion. Die Tröpfchengröße der emulgierten Phase beträgt ca. 30 nm.*

eine Patentanmeldung und reichte sie ein. Natürlich kann und will ich hier nicht die Details der neuartigen Anlagenkonstruktion darlegen, das ist nicht der Zweck dieses Buches. Aber ich will nochmals hinweisen auf den Zufall im Gehirn, der Ideen produziert – aber nur derjenigen Gehirne, die sich vorher intensiv mit der Fragestellung befasst haben. Dieser Zufall reicht nicht, wenn man die Idee dann nicht umsetzen kann. Hier half mir ein weiterer unglaublicher Zufall: In den ersten Jahren in China hatte ich mich sehr über eine abgrundtief schlechte Leistung eines chinesischen Maschinenbauunternehmens geärgert. Nie wieder wollte ich mit denen etwas zu tun haben. Einige Jahre später lud mich der Chef dieses Unternehmens (den ich bis dahin nicht kannte) zu einem Gespräch auf einer Messe, auf der wir ebenfalls ausstellten, ein. Dieses große mittelständische Unternehmen war zwar Marktführer, aber ich kooperierte vor allem mit einem kleineren ebenfalls chinesischen Unternehmen.

Ich nahm die Einladung an, wir tranken grünen Tee (mein Lieblingsgetränk bis zum späten Nachmittag). Der Chef, Herr Chang, Firmengründer und *selfmade-Unternehmer*, hatte sich als einfacher Ingenieur selbständig gemacht und eine mehrere tausend Mitarbeiter beschäftigende Firma aufgebaut, die als Marktführer ihre Anlagen in ganz China und Asien (außer Japan) verkaufte und installierte. Die Produktion fand in ShenZhen statt, in der Stadt, in der ich auch wohnte. Wir sprachen nur chinesisch, denn sein Englisch war schlechter als mein Chinesisch. Wir waren uns gleich sympathisch, aber ich ließ keinen Zweifel daran, dass ich nach wie vor über die damals mangelhafte Leistung sehr verärgert war, die uns (nicht *seiner* Firma!) einen Kunden gekostet hatte, den wir nie zurückgewinnen konnten.

Nachdem wir die Vergangenheit abgehandelt hatten, bat Herr Chang um eine Chance in der Zukunft. Er habe einen Kunden, der unbedingt seine Anlage, aber auch unsere Chemie verwenden wolle. Da war ich nun in einer Klemme. Ich sagte zu, dass wir mit unseren Ingenieuren seine Ingenieure schon bei der Auslegung der Details der Anlage schulen würden, die damaligen krassen Fehler zu vermeiden. Es gelang uns gemeinsam, wir lieferten schließlich über mehrere Jahre hinweg etliche Anlagen an viele Kunden, der Gründer-Chef und ich trafen uns häufig.

Eines Tages sprach ich ihn auf meine Erfindung an, nach der ich in Anlagen für unseren Prozess die Pumpen sämtlichst durch Propeller ersetzen wollte. Ich suche derzeit nach einem Kooperationspartner für erste Versuche, sagte ich, und malte ihm dazu meine Konzeption auf. Er wurde sofort hellhörig, was mich überraschte, denn der andere Anlagenbaupartner hatte meinen Vorschlag, eine Versuchsanlage zu bauen, massiv abgelehnt. Herr Chang aber war begeistert: „Das ist ja etwas ganz Neues, ich liebe es, neue Dinge zu versuchen!" Er rief seinen Ersten Ingenieur herein, wir kritzelten Konstruktionsideen auf's Papier – nur wenige Monate später hatten wir eine erste Anlage bei einem Kunden aufgebaut.

Und das kam so: Wie ich vorgeschlagen hatte, bauten wir zuerst eine kleine Versuchsanlage, die gleich einen guten Eindruck machte. Danach wollte ich einen Kunden suchen, bei dem man eine solche kleine Anlage testweise aufbauen könnte. Herr Chang sagte, als wir uns wieder einmal trafen, das dauere zu lange, gerade heute habe ein Kunde eine neue Anlage angefragt, vielleicht könnten wir dort gleich eine echte Produktionsanlage mit diesem neuen Prinzip verkaufen und aufbauen. Ich fand das viel zu riskant, aber er meinte, der dortige Firmeninhaber sei sein Freund, er werde ihn überreden können mitzumachen. Als ich nachfragte, um welche Firma es sich handele, lachte ich auf: „Der Chef dieser Firma ist auch mein Freund, wir sind dort exklusiver Lieferant für die Zinnchemie!" Nun lachten wir beide, riefen unseren gemeinsamen Freund in Ostchina an und vereinbarten einen Besuchstermin für die folgende Woche.

Natürlich lief es nicht problemlos weiter, aber das würde hier zu weit führen – die Anlage wurde aufgebaut und bewährte sich nach der Behebung von zahlreichen Kinderkrankheiten. Schließlich half ich bei der Formulierung einer Patentanmeldung, und wir verkauften sehr schnell eine ganze Reihe neuer großer Anlagen mit dieser neuartigen Konstruktionsweise. (Foto oben: eine der neuartigen Anlagen mit der Propellertechnologie)[59]

Dies war der praktische und geschäftliche Teil. Ich wollte aber auch grundsätzlich verstehen, was in turbulenter Umgebung mit der Emulsion geschieht. Ich recherchierte und las also viel über Turbulenz. So fand ich auch heraus, dass der große Physiker Feynman meinte, dies sei das wichtigste bisher ungelöste Gebiet der klassischen Physik. Er schrieb: „Turbulence is the most important unsolved problem of classical physics."[60] Es gab keine echte, keine parameterfreie Theorie der Turbulenz, und erst recht keine, die die Phänomene der Turbulenz widerspruchsfrei beschreiben konnte. Zufällig fand ich etwas über eine neue, grundlegende Turbulenz-Theorie von Dr. Helmut Ziegfeld Baumert.[61] Eine solche nämlich hatte er 2013 veröffentlicht. Ich kontaktierte ihn. Es kostete mich einige Mühe, ihn zu einem Treffen zu überreden, meine Frage schien allzu primitiv zu sein, zu *schmutzig-industriell-praktisch*, aber schließlich konnte ich ihn in seinem Haus in Ludwigslust besuchen. Nach einigen Stunden fachlicher Diskussion auf höchstem Niveau willigte er ein, mit mir über die Fließeigenschaften und Probleme unserer Zinnabscheidungsemulsion zu arbeiten. Nach einigen Monaten sagte er plötzlich: „Sorry, meine Theorie betrifft nur newtonsche Flüssigkeiten, nicht aber deine

---

[59]   *Hier kleine Fotoserie betr die allererste Anlage:*
https://photos.app.goo.gl/RatF630afHewkpD53

[60]   *Feynman R., Leighton R. B.& Sands M.. 1964 „The Feynman lectures on physics"*
Boston, Addison-Wesley, zitiert nach
https://royalsocietypublishing.org/doi/10.1098/rsta.2010.0332, siehe
https://physicstoday.scitation.org/doi/10.1063/1.3051743

[61]   *https://www.researchgate.net/profile/Helmut-Baumert (letzter Zugriff am 12. 2. 2017)*

nicht-newtonschen.“[62] Er wollte schon aufgeben, aber ich überzeugte ihn weiterzumachen, indem ich ihm immer wieder und immer detaillierter das Verhalten von Dispersionen und Emulsionen erklärte.

Meine (natürlich hypothetische) Erklärung dafür, dass hohe Scherung zu einer langsameren Reaktion führte, war die: In Ruhe und bei niedriger Scherung (Labor, Becherglas) bilden die etwa 30 nm großen Tröpfchen irgendwelche für die Reaktion vorteilhaften Strukturen (z. B. *Perlenketten*). Es befinden sich gewisse Stoffe innerhalb der Tröpfchen, andere außerhalb, und zwischen innen und außen und mit der Kupfer-Oberfläche muss es Stoffaustausch geben. Wenn die Scherung nun *zu hoch* wird, verändern sich die Tröpfchen (werden sie kleiner? Oder größer? Oder gibt es weniger Grenzflächen für Stoffaustausch?) und die Strukturen (werden die *Perlenketten* zerrissen? Wird so der Stoffaustausch unterbunden?) nachteilig. Was aber ist *zu hoch*?

Wird die Emulsion in Ruhe gelassen, erholt sich das Ganze wieder. Dies war für Baumert das gedankliche Sprungbrett. Er musste einen Relaxationsterm in die Gleichungen einbringen! Plötzlich konnte er es rechnen und fand heraus, dass der Spalt, in dem die Flüssigkeit geschert wurde, nicht schmaler als 2 cm sein durfte, sonst würde die Scherung, das Schergefälle, die Scherrate *zu hoch* ausfallen. Und die Rechnung ergab etwas, was ich aus meinen Beobachtungen geschlussfolgert hatte: Bei einer gewissen Scherrate verhält sich die Emulsion nicht-linear und chaotisch, und es nicht mehr vorhersehbar, welche Eigenschaften sie einnimmt. Sie kann zwischen verschiedenen Zuständen hin- und herspringen – so etwas ähnliches beobachteten wir tatsächlich! Ein typisches Nicht-Gleichgewichtssystem!

---

[62] *https://de.wikipedia.org/wiki/Newtonsches_Fluid (letzter Zugriff am 10. 2. 2022)*

Die nebenstehende Grafik zeigt, dass die Emulsion für höhere Scherraten (= stärkere Turbulenz, x-Achse) unterschiedliche Zustände einnehmen kann.[63] Nur für sehr niedrige Scherraten ist dies nicht der Fall.

Zwei Jahre nach unserem ersten Kontakt hatten wir also gemeinsam ein selbst dem großen Physiker Feynman unbekanntes, jedoch gleichermaßen un-

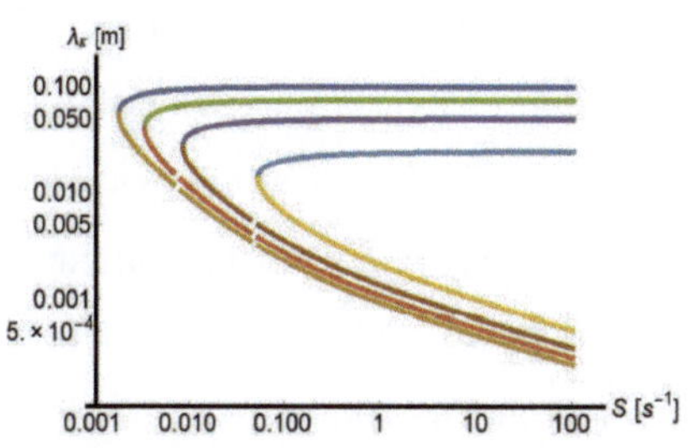

Figure 3: Valid steady-state combinations of parameters λ_0, λ_K. Two states are possible, the upper branch without turbulence in the narrow sense, and the lower branch with a developed Kolmogorov spectrum with the property $\lambda_K \ll \lambda_0$. The forcing length scales are here $\lambda_0 = 10$ cm, 2 cm, 1 cm, 5 mm, respectively, from outside to inside.

gelöstes und noch schwierigeres Problem gelöst: Wir hatten nämlich die erste parameterfreie Theorie der Turbulenz *nicht-newtonscher* Flüssigkeiten (in diesem Fall Dispersionen und Emulsionen) entworfen und veröffentlicht. (Feynman hatte sich nur auf die Turbulenz newtonscher Flüssigkeiten bezogen, auch Baumert war zuvor nicht klar gewesen, dass mit seiner neuen Theorie nur ein kleiner Teil der Turbulenzphänomene abgedeckt war.)

Im Februar 2016 war es soweit: Baumert präsentierte auf einer Konferenz in Prag unsere gemeinsam erarbeitete „Theorie der Turbulenz dilatanter Dispersionen".[61] Parallel dazu setzten wir uns mit Gutachtern einer geeigneten Fachzeitschrift, die er ausgewählt hatte, auseinander darum, einen Originalbeitrag veröffentlicht zu

---

[63] *H. Baumert, B. Wessling, „Turbulent mixing in Non-Newtonian dispersions", Vortrag auf der Konferenz „Topical Problems of Fluid Dynamics", Prag 2016; https://www.researchgate.net/publication/290789681_Turbulent_Mixing_in_Non-Newtonian_Dispersions (letzter Zugriff am 10. 2. 2022)*

bekommen. Das gelang im Juli 2016. Die veränderte und dann akzeptierte Fassung veröffentlichten wir in der Zeitschrift „Physica Scripta" der Royal Swedish Academy of Sciences.[64]

Was die Theorie beschreibt, ist im Wesentlichen dies: Oberhalb einer kritischen Scherrate kann die Emulsion chaotisch und unkontrollierbar zwei verschiedene Zustände einnehmen, einen mit hoher, einen mit niedriger Viskosität. Dies ist die Folge eines Zusammenbruchs der ursprünglichen Strukturen in der Emulsion und des Aufbaus von mindestens zwei andersartigen und voneinander total verschiedenen Strukturen. Man beachte die Ähnlichkeit mit der Beschreibung aller anderen dynamischen Systeme! Die empirischen Grundlagen der Theorie stammten aus meiner Dispersionsforschung. Quantitative Daten betrafen vor allem genau die Emulsion, deren Turbulenzempfindlichkeit ich mit meiner Propeller-Erfindung überwinden wollte.

Als die Theorie fertig war – es war eine sehr schwere Geburt! –, bestätigte sie gleich die Zweckdienlichkeit meiner Erfindung. Die ersten und die dann folgenden Anlagen waren für den Wissenschaftler in mir „nur noch die ja zu erwartende Bestätigung in der Praxis", für den Unternehmer in mir aber eine schwere Last, die von meinen Schultern fiel.

---

[64] *H. Baumert, B. Wessling, Physica Scripta 91 (7), 074003 (2016), https://www.researchgate.net/publication/303828981_On_turbulence_in_dilatant_dis persions (letzter Zugriff am 10. 2. 2022)*

Anhang 14: Die Macht von Bildern bei der Zementierung des Paradigmas „fibrilläre und lösliche leitfähige Polymere"

Im Falle der leitfähigen Polymere und der ständigen Diskussionen über *Dispersion oder Lösung* waren in den Köpfen praktisch aller weltweiten Forscher mächtige Bilder am Werke: Die einzelne gestreckte Kette, auf der die Elektronen entlangfließen können, die sich zu langen Fibrillen formten; zur Herstellung von welchen Produkten auch immer würde man am liebsten die einzelnen Ketten herauslösen, nach der Verarbeitung könnten sie sich beim Trocknen wieder zu Fibrillen zusammenlagern, alles wäre gut. Für die Dispersion, die ich als *einsamer Rufer in der Wüste* propagierte, blitzte ihnen vermutlich ständig das Gleichgewichtsbild der statistisch gleichmäßig verteilten Teilchen (und die Horrorvorstellung der zerrissenen Ketten) auf.

Was ich über Partikelstruktur auch der Fibrillen, die Nicht-Gleichgewichtseigenschaften der Dispersionen und die dort so speziellen spontan auftretenden Strukturen (die ja auch sehr hilfreich waren für die Zwecke der Verarbeitung und Produktentwicklung) herausgefunden hatte, hielt man vielleicht für Fantasie. Jedenfalls war es „unvorstellbar", die Bilder der gestreckten Ketten und des Gleichgewichts waren mächtiger.

Auch neue Erkenntnisse, praktische Anwendungen brachten Paradigma nichts ins Wanken

Dies zeigte sich endgültig in einem relativ kurzen Zeitraum, in dem es mir gelang, etliche grundlegende und unter objektiven Gesichtspunkten überzeugende Ergebnisse vorzulegen (für weitergehend Interessierte siehe Anhang 11). Sie wurden allesamt von der internationalen Forschergemeinschaft weitgehend ignoriert.

Zwar war ich bereits seit etlichen Jahren Mitglied des *International Advisory Committee* unserer alle zwei Jahre stattfindenden internationalen Konferenz und somit in direktem Kontakt mit den führenden Forschern auf diesem Gebiet, sowohl persönlich als auch schriftlich per email und Fax. Wir trafen uns auch zwischen den Konferenzen bei allen möglichen Gelegenheiten, bei Seminaren, kleineren Konferenzen, bei Frühjahrs- oder Herbsttagungen der „American Chemical Society". Aber als einziger Industrieforscher (zumal aus einem sehr kleinen Unternehmen) in dem gut 30 Professoren umfassenden Advisory Committee war ich ein Außenseiter. Und das natürlich auch, weil ich eine für 99,99 % der Forscher unverständliche und deshalb nicht akzeptable These vertrat. Die in Kapitel 5 wiedergegebene Diskussion mit dem späteren Nobelpreisträger Prof. Alan Heeger über „solution / dispersion – only words!" spricht Bände. Heeger, MacDiarmid (zusammen Hideki Shirakawa Nobelpreisträger in Anerkennung der Entdeckung des ersten leitfähigen Polymers) und ein dritter Professor, Art Epstein, waren die Wortführer in diesem Komitee. Obwohl ich viele intensive Diskussionen mit jedem einzelnen dieses Trios und mit vielen ihrer Mitarbeiter führte, konnte ich niemanden überzeugen, auch nur ein einziges Experiment in der von mir vorgeschlagenen Richtung durchzuführen oder mir wenigstens ein einziges Mal eine Probe ihrer als *Lösung* bezeichneten Systeme zu übergeben. Auch nahmen sie niemals mein Angebot an, Proben von mir zu untersuchen.

Mein immer tieferer Einstieg in die Nicht-Gleichgewichts-Thermodynamik ermöglichte mir die Ausarbeitung eines ersten Schrittes zu einer speziellen NGG-Theorie für Dispersionen (und Emulsionen). Diese konnte ich auf einem recht exklusiven Seminar erstmalig vorstellen.[65] Das hatte ich zusammen mit einem Professor der Universität Arlington (Tx), Ron Elsenbaumer, organisiert: Außer uns beiden nahmen die drei späteren Nobelpreisträger und noch sieben weitere international auf diesem Forschungssektor führende Forscher teil (wieder war ich der einzige Nicht-Professor). Ziel des Seminars war es, dem nach meinem Gefühl ins Siechtum abgleitenden Forschungsgebiet eine neue gemeinschaftliche Strategie vorzuschlagen: Eine integrierte *materialwissenschaftliche* Forschung zu etablieren, von Physik und Chemie ausgehend bis hin zur Anwendung einen umfassenden Forscherblick zu ermöglichen und so eine wirklich fachübergreifende Forschung zu betreiben. Vergeblich.

Im gleichen Zeitraum zeigte ich zusammen mit einem der weltweit führenden Forscher auf dem Gebiet des *Tunnelns* (ein Phänomen, das nur Quanten zeigen) und der anorganischen Nanometalle, Prof. Günther Nimtz, dass das von mir hergestellte Polyanilin ein Nanometall ist und sich praktisch genauso verhält wie nanoskopisch kleine Silber-, Zinn- oder Indiumkügelchen.[66]

In einer gemeinsamen Forschungsarbeit der Kölner Gruppe von Prof. Nimtz und mir, zusammen mit einer indischen Forschungsgruppe, die ich kontaktiert hatte,

---

[65] *Synthetic Metals 45 (2): 199- 149 (Nov. 1991), zugänglich hier*
https://www.researchgate.net/publication/233979584_Dispersion_hypothesis_and_no
n-
*equilibrium_thermodynamics_key_elements_for_a_material_science_of_conductive_*
polymers_A_key_to_understanding_polymer_blends_or_other_multiphase_polymer_s
ystems

[66] *R. Pelster, G. Nimtz, B. Wessling, „Fully protonated Polyaniline: Hopping transport*
on a mesoscopic scale", Phys. Rev. B, 49 (18): 12718 – 12732 (Juni 1994), zu finden
hier:
https://www.researchgate.net/publication/13279646_Fully_protonated_polyaniline_H
opping_transport_on_a_mesoscopic_scale

fanden wir einen direkten Beweis für die metallischen Eigenschaften meines leitfähigen Polymeren.[67] Hierbei war besonders interessant (und für die internationale Forschergemeinde noch viel unverständlicher), dass die echt metallische, die *nano-metallische* Eigenschaft während eines besonderen Dispersionsschritts, den ich erfunden hatte, entstand. Das war nun wirklich weit, weit außerhalb des eigenen Weltbilds über die leitfähigen Polymere. Eigentlich hätte das alte Paradigma der langgestreckten Ketten wanken müssen, es blieb aber übermächtig.

Zuvor war ich mit der Nicht-Gleichgewichtsthermodynamik immer weiter gekommen. Ich schrieb Prof. Prigogine direkt an, bat ihn um eine Diskussion. Er antwortete sehr freundlich, dass sein Interessensgebiet sich nun verlagert habe (siehe sein Schreiben auf der letzten Seite). Ich kam statt dessen mit seinem engsten Mitarbeiter und Co-Autoren, Prof. Grégoire Nicolis, der auch sein Nachfolger in Brüssel geworden war, und einem weiteren führenden Nicht-Gleichgewichts-Thermodynamiker, Prof. Werner Ebeling (der mit Prigogine und Nicolis in engem Kontakt war) ins Gespräch. Damit konnte ich mit der damaligen Weltspitze der Nicht-Gleichgewichts-Thermodynamik über meine spezielle Theorie der Dispersionen und ihrer NGG-Eigenschaften persönlich diskutieren. Details hierzu sind in Anhang 11, Teil 2 und in Anhang 13 (Turbulenz) zu finden.

Da all diese Ergebnisse nicht nur in anerkannten Fach-Zeitschriften veröffentlicht wurden, sondern ich sie auch auf Konferenzen vortrug, konnte die Ablehnung nicht auf Unkenntnis beruhen. Es war eher vorurteilsbedingte Ablehnung oder

---

[67] *B. Wessling, G. Rangarajan, W. Lennartz et al., „Dispersion-induced insulator-to-metal transition in polyaniline", Eur. Phys. J. E 2 (3): 207 – 210 (2000) verfügbar hier: https://www.researchgate.net/publication/225135134_Dispersion-induced_insulator-to-metal_transition_in_polyaniline*

Unverständnis anstelle von echtem Widerspruch, denn es gab so gut wie keine wissenschaftlichen Debatten über meine experimentellen oder theoretischen Ergebnisse. Wenn es um die wissenschaftlichen Grundlagen ging, konnte sich mein Bild von *Nicht-Gleichgewicht, Nanometall-Kügelchen* und *Dispersions-Strukturen* nicht durchsetzen. Wenn ich zum Schluß meiner Vorträge dann die immer klarer und nennenswerter werdenden Anwendungen beschrieb, waren alle Zuhörer zwar interessiert und begeistert, aber mehr auch nicht. Sie konnten die für die Anwendungen wichtigen wissenschaftlichen Grundlagen und die zu ihrer Verwirklichung erforderlichen Verfahren nicht mit *Dispersion,* geschweige denn mit *Nicht-Gleichgewicht* in Verbindung bringen.

Selbst als es mir gelang, für die Konferenz im Jahre 2004 in Australien eine *Keynote Presentation*[68] zu geben sowie eine *Business Session*[69] zu organisieren und zu leiten, gelang es mir nicht, das bestehende Paradigma ins Wanken zu bringen. Nach wie vor stellten sich die allermeisten Forscher *gestreckte Ketten* und *homogene Verteilung,* wenn nicht sogar *Lösung* bildlich vor, wenn ich von *Lackdispersion* oder *Emulsion* sprach.

Eisen-Passivierung nicht überzeugend: Das ist low-tech

Unter *Korrosionsschutz* konnte sich jeder etwas vorstellen, auch wenn es wissenschaftlich niemanden begeisterte (das war in ihren Augen *low-tech,* keine High-

---

68   *https://www.researchgate.net/publication/ 318149151_Scientific_and_Technological_Progress_with_Polyaniline_and_Polyethylenedioxythiophene_-_Nanotechnology_at_its_best_- _ICSM_2004_Wollongong_Keynote_Presentation*

69   *https://www.researchgate.net/publication/ 318149507_The_commercial_breakthrough_of_an_Organic_Nanometal*

Tech). Dass ich ein komplett neuartiges Prinzip entdeckt hatte, nämlich die Passivierung von Eisen und anderen Metallen (siehe Anhang 9), ausgelöst und katalysiert durch das Organische (Nano-)Metall, war schon kaum der Rede wert. Und das, obwohl unsere Daten zeigen: Der Schutz vor Korrosion ist etwa um den Faktor zehn besser als mit konventionellen Methoden, und preislich konkurrenzfähig. Eine solche Anwendung im Markt war aus Sicht der Universitätsforscher *ganz nett*, weil es zumindest zeigte, dass leitfähige Polymere (wenn auch hier ein merkwürdiges *Organisches Metall*) zu etwas zu gebrauchen waren. Mehr aber auch nicht. Dass die Erfindung des Passivierungsverfahrens auf einer zufälligen Beobachtung beruhte, wird kaum einen Leser noch überraschen: Ich hatte bei ein paar spielerischen Versuchen mit einem Praktikanten eine überraschende Farbänderung beobachtet, als wir eine Eisenplatte in eine Polyanilin-Dispersion tauchten: Was war der Grund dafür? Es folgte intensive Forschung, das Ergebnis ist ein neues Korrosionsschutzprinzip. Mehr Hintergrund dazu in Anhang 9, für an Chemie interessierte Leser zeige ich dort den für die Passivierung verantwortlichen komplexen katalytischen Kreislauf, den wir aufklären konnten.

In Deutschland, außerhalb der Forscherkreise, konnte ich damit schon eher punkten. Die Entwicklung der Korrosionsschutzlacke auf Basis des OMs war teilweise von der neu gegründeten „Deutsche Bundesstiftung Umwelt" gefördert worden. Als sie 1996 ihr fünfjähriges Bestehen beging, wurde ich als Geschäftsführer einer Firma mit einem besonders viel versprechenden Projekt dazu eingeladen, den Einleitungsvortrag zu halten. In dem großen Saal saßen über 1.000 Gäste aus Politik, Wirtschaft und Medien. Direkt vor mir in der ersten Reihe sah ich Bundeskanzler Helmut Kohl und die Bundesumweltministerin Angela Merkel neben anderen Ministern und Staatssekretären.

Ich begann meine Rede etwa so: „Als wir mit der Forschung an diesem neuen Verfahren zum Schutz gegen Korrosion begannen, wunderte es mich doch sehr zu erfahren, dass das Bundeskabinett von seinen 50 wöchentlichen Sitzungen im Jahr zwei Sitzungen ausschließlich dem Korrosionsschutz widmet." Die Minister und der Kanzler schauten sich verdutzt und ratlos an und dachten vermutlich: „Wie bitte? Haben wir überhaupt jemals auch nur eine Minute über Korrosion debattiert?" Ich ließ ihnen und den übrigen Zuhörern im Saal diese wenigen Sekunden, um sich das zu fragen, bevor ich auflöste: „Als ich dann zusätzlich erfuhr, dass wir in Deutschland jährlich 4% des Bruttosozialprodukts durch Korrosion verlieren, war mir klar, warum das Kabinett zwei Mal im Jahr diesen Schwerpunkt in seiner Arbeit setzt." Dabei grinste ich für alle in der ersten Reihe sichtbar breit und frech. Jetzt bekamen sie nach und nach mit, dass ich einen Witz gemacht hatte, von der ersten Reihe setzte sich eine Lachsalve fort bis nach hinten in die letzten Reihen (wo man mein Grinsen nicht erkennen konnte) fort. Die Zuhörer erkannten, dass meine Ironie einen ernsten Hintergrund hatte: Nicht nur verlieren wir – und genauso alle anderen Länder der Welt – durch Korrosion nicht vernachlässigbare Anteile des Bruttosozialprodukts, sondern es entstehen in entsprechendem Umfang (bzw. eher noch mehr) Umweltschäden. Korrosion ist eine der wichtigsten Ursachen für Raubbau an unseren natürlichen Ressourcen.

Markterfolge und -misserfolge: ebenfalls Nicht-Gleichgewichts-Phänomene

Da der Korrosionsschutz einen großen Bedarf darstellt und zumindest formal wenig Hürden bestehen insofern, als es für viele Anwendungen keine besonderen Zulassungsvorschriften gibt, erwarteten wir und allen voran ich einen relativ einfach Einstieg in diesen Markt. Das war jedoch überhaupt nicht der Fall. Zwar gelang es uns, einige Kunden zu überzeugen, aber ein breiter Durchbruch gelang uns in Deutschland und Europa nicht. Auch hier baut die Vorherrschaft von im Kopf bestehenden Bildern die Hürden auf: Korrosion wird durch Barrierelacke verlangsamt, man kann auch unedle Metalle als Opferelektroden einsetzen. Aber ein edles (dazu noch *organisches*!?) Metall („was soll denn das sein, so etwas gibt es nicht ..."), das eine Passivierung bewirken soll? Das kann nicht sein. Überraschenderweise schafften wir es aber in Japan, wohingegen wir alle aber erwartet hatten: „Japan wird das allerletzte Land sein, in dem wir nennenswert erfolgreich sein werden." Es wurde aber unser erstes Land, und das, in dem wir die größten Erfolge erzielen konnten.[70] Nachdem der Käufer meiner Firma aus Gründen, über die ich hier edelmütig und nicht-nachtragend schweige, den schon entwickelten Markt für dieses neue Korrosionsschutzverfahren nicht zur Reife, sondern zum Scheitern brachte, arbeite ich mit einem indischen Startup seit 2018 an einem Neustart.

Leiterplatten: ebenfalls „low-tech" – für Forscher an leitfähigen Polymeren nicht überzeugend

Auch mit unserer zweiten Anwendung, nämlich dem Oxidationsschutz und der Erhaltung der Lötfähigkeit von Kupfer auf Leiterplatten, konnten sich die Forscher auf dem Gebiet der leitfähigen Polymere nicht anfreunden. Das von uns entwickelte Verfahren basiert auf dem gleichen Grundprinzip, erfordert aber vollkommen andere Produkte und Prozessschritte beim Kunden (siehe Anhang 10 für mehr Informationen). Schließlich muss neben der Vermeidung der Oxidation des Kupfers auch noch die Lötfähigkeit garantiert werden, damit die elektronischen Bauteile in schnelllaufenden automatisch arbeitenden Anlagen fehlerfrei auf den

---

[70]   *https://www.researchgate.net/publication/ 322301686_CORRPASSIV_Industrial_Reference_Objects*

Leiterplatten aufgebracht werden können. Nicht ein einziger Lötfehler ist erlaubt, auf keiner einzigen Leiterplatte von zehn- oder hunderttausenden einer Auftragsserie! Der gesamte, sehr komplizierte Ablauf der Produktion von Leiterplatten ist von vorn bis hinten durchstrukturiert und formalisiert. Jeder einzelne Arbeitsschritt (wovon es Dutzende gibt!), jede einzelne Chemikalie, jede Maschine, die verwendet wird – alles wird von den Endkunden genauestens untersucht, spezifiziert, dokumentiert, und am Ende in Vorschriften mit dem Volumen dicker Handbücher gegossen. Die Endkunden sind die großen Elektronikkonzerne wie Siemens, Continental, HP, Apple, HuaWei, Bosch, Samsung uvam., die Leiterplatten in ihren Laptops und Handys benötigen oder für Produkte benötigen, die in Automobile, Flugzeuge, Waschmaschinen, Fernseher, CD-Spieler, WLAN-Router und praktisch alle elektrischen und elektronischen Haushaltsgegenstände und Industrieprodukte eingebaut werden. Überall spielt Produktsicherheit eine extrem große Rolle. Und weil die Qualität der sogenannten *Endoberflächen* auf den KupferKontakten das entscheidende Übergabekriterium der Leiterplatten zwischen dem Leiterplattenhersteller und dem Unternehmen ist, das die elektronischen Bauteile aufbringt (dem *Bestücker* mit riesengroßen vollautomatischen Fabriken, z. B. *Foxconn*), war unser neues Verfahren für einen Prozessschritt gedacht, der von allen Beteiligten besonders kritisch beäugt wurde (und auch wirklich der kritischste ist).

Die Leiterplattenindustrie war für die Forscher auf dem Gebiet der leitfähigen Polymere ein Buch mit sieben Siegeln. Für die einen war es wie auch der Korrosionsschutz mittels Passivierung uninteressante *low-tech,* für die anderen unverständlich: Wie man Lötfähigkeit erzielen und über ein oder zwei Jahre hinweg aufrecht erhalten kann (und muss, und warum denn überhaupt?), was das Organische Metall darin für eine Rolle spielt ... zu kompliziert, zu weit vom eigenen Forschungsgebiet entfernt. Dies und die hier nicht nur bewährte und bestätigte, sondern sogar noch mit einer weiteren Theorie auf einem ganz anderen Gebiet erweiterte Einsicht in das Phänomen *Nicht-Gleichgewicht* konnte deshalb in der Forschergemeinde nicht wahrgenommen werden. Paradigmen sind unglaublich mächtig!

Schon 1990 hatte ich eine gewisse Stagnation in der Forschergesellschaft beobachtet, das Gebiet befand sich meiner Analyse nach in einem kritischen Stadium und bedurfte dringend eines geistigen Aufbruchs – weg vom alten Paradigma, Öffnung hin zu anderen neuen, integriert materialwissenschaftlichen Forschungsstrategien. In einer führenden Zeitschrift konnte ich einen Meinungsartikel veröffentlichen, in dem ich meine Ursachenanalyse und Alternativvorschläge darlegte.[71] Die Ursachen sah ich in folgenden Punkten:

- Viel zu früh und in viel zu großem Umfang hatte sich die Forschergemeinschaft auf eine Anwendung dieser Stoffklasse in wiederaufladbaren organischen Batterien festgelegt, anstatt zuerst die Eigenschaften der Stoffe zu erforschen. Die Idee war aufgrund grundlegend falscher Annahmen im Vorfeld letztendlich gescheitert.

- Das damals schon widerlegte Paradigma der gestreckten Kette, auf der die Elektronen entlanglaufen.

- Eine isolierte Kommunikationsstruktur, die kaum Austausch mit Forschern in benachbarten Gebieten zuließ.

---

[71] *B. Wessling, „Intrinsically Conductive Polymers: A Critical Stage in Research Strategy", Adv. Mater. Vol. 3 (1991) No. 10, 507 – 509, zugänglich hier: https://www.researchgate.net/publication/237859742_A_critical_stage_in_conductive _polymer_research_strategy*

- Die mangelhafte Wahrnehmung der Frage, wie wichtig die Methoden der Verarbeitung eines leitfähigen Polymeren für die Ausbildung seines tatsächlichen Eigenschaftsprofils war.

All das hatte dazu geführt, dass alle großen Chemie- und Elektronikunternehmen, die über zehn Jahre lang aktiv und kostenaufwendig an diesen Stoffen geforscht hatten, ihre Projekte einstampften und die öffentliche Forschungsförderung in Europa, den USA und Japan / Korea auslief. Im weiteren Verlauf des Artikels skizzierte ich eine Strategie, wie das Gebiet wiederbelebt werden könnte. Meine anschließenden jahrelangen Bemühungen waren vergeblich. Die Nobelpreisverleihung 2001 für dieses Forschungsgebiet war im Grunde sogar kontraproduktiv, denn sie trug dazu bei, das bestehende, nicht die Wirklichkeit und nicht neueste Erkenntnisse widerspiegelnde Paradigma zu verfestigen.

Auch wir hatten keinerlei Kenntnisse vom Leiterplattenmarkt, nur die Vorstellung, dass er sehr kompliziert, diversifiziert ist und mit extrem formalen Freigabeprozeduren von riesengroßen Konzernen gesteuert wird. Dementsprechend hatten wir, allen voran wiederum ich, nicht erwartet, in diesem riesigen und unglaublich komplexen internationalen Markt eine wesentliche Rolle spielen zu können. Meine diversen wohlmeinenden Berater rieten mir sogar regelrecht ab, mich dort „nicht zu verzetteln, im Korrosionsschutz ist es doch viel einfacher, einen Durchbruch zu erzielen!"[72] Wir verfolgten dennoch jeden der ersten Ansatzpunkte.

---

[72] *Auch in diesem Zusammenhang lohnt sich ein sorgfältiger Blick in das Buch von D. Kahneman „Schnelles Denken, langsames Denken", hier a. a. O. S. 295 ff. Es ist ein Abschnitt aus Teil III („Selbstüberschätzung") des Buches, überschrieben mit „Die geeignete Umgebung für Expertise". Fraglos entwickeln Experten auf ihrem Gebiet so viel Erfahrung, dass sie viele Beurteilungen intuitiv und extrem schnell abgeben und Entscheidungen treffen können. Das führt laut Kahneman dazu, dass sich Experten oft stark überschätzen, und zwar dort, wo sie sich im Grunde nicht auskennen (wo ihnen*

Ohne eine großartige Vermarktungsstrategie, nur indem wir eine Kundenanfrage nach der anderen sorgfältig bearbeiteten und verfolgten, eroberten wir eine Anzahl Kunden in Europa und den USA. Bald darauf landete ich in Südkorea, wenig später waren wir dort Marktführer, und wiederum nur wenige Jahre später befand ich mich in China. Für 13 Jahre. Denn einer der vielen Zufälle – also etwas, das wir nicht vorhersehen konnten und mit keiner Wahrscheinlichkeitsrechnung abschätzbar gewesen wäre – war, dass die Leiterplattenindustrie Europas und der USA und somit auch unsere Kunden ab Anfang der 2000er Jahre massiv nach Asien und dort vor allem nach China zogen. Innerhalb kürzester Zeit sank der Weltmarktanteil Europas und der USA an der Leiterplattenproduktion zusammengenommen von etwa 60% auf unter 10%, China allein wuchs von weniger als 1% auf 60% Weltmarktanteil. Die übrigen mehr als 30% verteilten sich auf Japan, Taiwan, Korea und andere asiatische Länder. Und so wurden wir mit unserem Produkt in einem Segment der *Endoberflächen* Marktführer. Milliarden von Leiterplatten wurden so lötsicher gemacht. Jede und jeder meiner Leserinnen und Le-

---

ihre Intuition – System 1! – aber dennoch schnell schlüssig erscheinende Diagnosen liefert). Dieser Selbstüberschätzung wäre ich auch fast zum Opfer gefallen, denn ich hatte im Geschäftsleben enorme Erfahrung gewonnen und mit vielen intuitiven Entscheidungen viel Erfolg gehabt. So meinte ich genauso wie meine Mitarbeiter, Experten aus diesen Märkten und Freunde, dass der Korrosionsschutzmarkt einfach, der Leiterplattenmarkt für uns nahezu unmöglich zu erschließen sein würde. Glücklicherweise hielt ich mich nicht an die Ratschläge und misstraute intuitiv meiner eigenen Intuition. Kahneman belehrte mich schließlich – wenn auch erst viele Jahre später –, welche zwei grundlegenden Voraussetzungen für den Erwerb von verlässlicher Expertise erfüllt sein müssen: „Eine Umgebung, die hinreichend regelmäßig ist, um vorhersagbar zu sein. Eine Gelegenheit, diese Regelmäßigkeiten durch langjährige Übung zu erlernen." (S. 296). Das sind Märkte generell nicht, und besonders dann nicht, wenn sie sich im Umbruch befinden. Das genau war im Leiterplattenmarkt der Fall, weshalb wir Glück hatten, zufällig mit einem passenden Produkt zum richtigen Zeitpunkt am richtigen Ort zu sein, und dort auch noch die technisch und kommunikativ angemessenen Schritte zu gehen.

ser wird bereits Produkte benutzen, in dem Leiterplatten mit dem *Organischen Metall* enthalten sind. Mit größter Wahrscheinlichkeit in Ihrem Auto. Aber auch Ihr Handy und Ihr Laptop hat eine sehr große Chance, diesen neuen merkwürdigen, weitgehend immer noch unbekannten Stoff zu enthalten, wenn es auch nur nanoskopische Mengen sind. Denn von diesem Nanometall benötigt man extrem wenig, um die erwünschte katalytische (passivierende) Wirkung zu erzielen. Dafür muss es aber extrem gut dispergiert sein.

All das war für den allermeisten Forschern in der ICSM-Gemeinde nicht zugänglich, änderte ihr Bild von den leitfähigen Polymeren, ihr Paradigma, nicht.

Anhang 15: Milestones and Highlights of the Organic Nanometal (Polyaniline) Science & Technology Research and Development[73]

1978	B. Wessling started as a fresh PhD chemist in a small company ("SAPCO") and read first articles about conductive polymers, one of them the article describing the discovery of the first highly conducting organic polymer, polyacetylene, written by the later Nobel prize winners (2000) A. Heeger, A. MacDiarmid, H. Shirakawa. Wessling began work in compounding thermoplastic polymers, the first step into the dispersion field
1978 - 1981	only on and off thinking about how to enter the conductive polymer research while introducing the first thermoplastic compounds produced by the newly developed dispersion method; already roughly conceived a hypothesis for later conductive polymer research: how to overcome the insolubility of polyacetylene – by compounding? by dispersing? Already at that time, the literature showed the paradigm under which the scientific community was working: they wanted to make the conductive polymers soluble and moldable (cf 1996 publication about insolubility of conductive polymers)
1981	changed to Zipperling Kessler (Ahrensburg) in a position as Director R&D, began development of many new thermoplastic dispersion processes and products, e.g. antistatic record molding compounds, an invention (priority date Dec 31st, 1983) which came far too late from the viewpoint of the old generation music lovers who used to listen to pressed vinyl records; at that time, the company is in very bad shape; had fired 2/3 of the employees, less than 50 left, and only one product group – the outdated record molding compounds (PVAc-PVC blends), no equity left, only debt; Wessling introduced many new products and changed the strategy to become a specialist: "Make your innovation to be our problem", was the marketing philosophy.
1982 1984	started active research on polyacetylene, discovered the globular morphology of polyacetylene which was published in June in German in "Makromolekulare Chemie", a pdf is available here
1984	June 15, priority date (German priority patent application) for the first groundbreaking conductive polymer dispersion patent

[73]   *https://www.researchgate.net/publication/
260427241_Milestones_highlights_of_the_Organic_Metal_Polyaniline_Science_Tech
nology*

	soon after, another groundbreaking patent was filed which contained the first elements of a deeper understanding about the principles by which conductivity in heterogeneous (polymer) systems is emerging:
1984	Nov 7 priority date (German priority patent application): "conductive pathways" have been developed and described. This principle was widely used by Zipperling Kessler in their carbon-black filled thermoplastic antistatic compounds products line which was a leading technology in the market; it required Wessling to invest deep research until year
1987	when he succeeded to uncover the secrets of how conductive particles dispersed in a (thermoplastic) polymer will cause conductivity when present in a concentration above a certain well-defined critical concentration (published 1991, available aspdf): it is not a percolation phenomenon, but a phase transition from dispersed to flocculated submicroscopic (nanoscopic) morphologies (as it took more about 3 years until finally a publication was accepted, several journals had refused to publish the article, Wessling decided to document the priority of this important discovery by filing a British Patent Application: GB-OS 2 214 51 I date of filing: Jan. 23. 1989. date of publication: Sept. 6. 1989).
1984	another attempt to overcome the serious limitations of how to process conductive polymers in industrial scale, how to get various forms (shapes) of products was also filed in 1984 (June 14), this technology subproject was later discontinued when it didn't show any further promising improvements.
1986	(July) biannual International conference on Synthetic Metals (ICSM) was held in Kyoto; B. Wessling gave an oral presentation and presented his concept for how to process conductive polymers for the first time to a broad audience ("Post-polymerization processing of conductive polymers: A way of converting conductive polymers to conductive materials?", in: Synthetic Metals 15 (1986) S. 183 – 193); a funny side note: as the Organizing Committee and the International Scientific Advisory Committee did not know Wessling at all, and had no clue about what his abstract was talking about, it took Wessling a long time to convince them he should be accepted for an oral presentation; but as the program already was full, he was placed at the very end of the conference, just before the official closing of the conference; more than 1,000 people attended this plenary lecture – but probably none of them (except 1: Ron Elsenbaumer) caught the idea; anyway, this lecture was the beginning of a long „Wessling in ICSM history" which was full of controversy and of only very slowly increasing degree of acceptance. The controversy was about Wessling's growing doubts that conductive polymers may not be soluble; it took him 10 years until he was able to show (1996) that <u>conductive polymers are intrinsically insoluble and unmoldable</u>
1984 - 1996	during these 12 years, Wessling and his growing research team at Zipperling made continuous progress and filed a lot ofpatents; all kinds of different conductive polymers were studied and evaluated for usefulness under industrial conditions, finally decided

	to focus on polyaniline; also many scientific papers were published (a publication list from 1986 – 2003 on the web) (another publication list from between 1993 and 2001 on the web)
1984 - 1996	during this time, Zipperling actively cooperated with Americhem, Inc., Cuyahoga Falls, Akron, Ohio (US)
1985	Wessling got appointed as CEO of Zipperling Kessler (continued to be R+D Director), later he bought a significant amount of shares when several shareholders wanted to leave the company
1987	(priority date September 4) groundbreaking patent describing a new process which allows to produce dispersible conductive polymer powders; later the focus was more and more on polyaniline, finally its most stable p-toluene sulfonate compound
1989	Zipperling entered into a cooperation agreement (joint research and development agreement) with Allied Signal, who at that time had the biggest conductive polymer research group in the whole world; later, Zipperling granted a patent license to Allied Signal
1993	(priority date May 17) another one of the key patents was filed describing a completely new first dispersion step (which later was discovered to cause the insulator-to-metal transition);
1990	research cooperation with the group of Prof. Nimtz (Univ Cologne) begins, exciting results are published in the following years showing that the primary particles of Ormecon's polyaniline contain a nanoscopic metallic core which later (1996 – 1998) lead to the discovery of the „insulator-to-metal-transition"
1991	a first thermoplastic polymer blend was developed which the 3 partners (Zipperling, Americhem, AlliedSignal) tried to market as EMI shielding compound; this market strategy was later abandoned because of lack of demand
1991	first part of a non-equilibrium thermodynamical theory of heterogeneous polymer systems completed and published by Wessling; it takes him until 1995 to widen and deepen the understanding of the non-equilibrium character of polymer blendsand generally „dispersions"
1991	Wessling describes and comments the critical situation in the world-wide conductive polymer research arena, his "Talking Point" was published in "Advanced Materials"; he was also citing a small workshop on Materials Science of Conductive Polymers he and Ron Elsenbaumer had organized bringing together 12 key players of the ICSM arena, including the later 2 Nobel prize winners MacDiarmid and Heeger, as well as (under

	others) Epstein, Geniès and Nimtz; Wessling's presentation was published as a full paper
1992	B. Wessling got appointed as a member of the International Advisory Committee of the ICSM; since then, he was the only industrial member of this biannual global conference scientific advisory committee, any other member was a professor at a university
1993	another key breakthrough was the discovery of the passivation effect of polyaniline (more information)(article in Adv Mater) which lead to the development of a powerful corrosion protection process and products therefore (patent application June 25, 1993);
1996	the passivation mechanism was revealed
1995	based on the fundamental polymerisation and dispersion discoveries and developments, another groundbreaking patent was filed (priority Nov 29, 1995): this patent so far was the commercially most important one (would have been impossible without the previous ones which had built the fundament); it finally lead to the Immersion Tin surface finish process ORMECON CSN which is a most successful product leading the ImSn PCB surface finish technology and market
1995	key scientific breakthrough: part 2 of the non-equilibrium thermodynamical theory of heterogeneous polymer systems and dispersions was published
1995/ 1996	Zipperling's CEO B. Wessling decides to separate the (Zipperling) compounding activities from the polyaniline related activities and forms Ormecon Chemie GmbH & Co KG as a 100% subsidiary of Zipperling Kessler, starting with 7 ex-Zipperling employees; B. Wessling also to act as Ormecon CEO; reason for this decision: compounds and polymer blends using Polyaniline did not seem to become successful, while PCB surface finish and corrosion protection as well as other dispersions offered more market chances; because not only the markets, but also the production technologies used in the meantime had developed to be far away from what Zipperling was using for compounding, the separation was necessary (also for preventing that the compounding business became diluted and weakened because of capital needs for the polyaniline products development and market introduction) the original strategy was to focus on the corrosion protection products, Wessling assumed the market entrance barrier to be low; for the PCB market he correctly assumed a high market entrance barrier due to customers would not take new processes from unknown suppliers and surface finishes mostly rquire release by OEMs / end customers before a PCB manufacturer could use them (therefore, it was Wessling's strategy to partner up with established big chemicals suppliers); first it seems to be a correct assessment, as market entrance progress with CORRPASSIV was dynamic and the interest by in total 4 chemicals suppliers to work with Ormecon for the introduction of the new CSN process was also high; but one after the other cooperation failed during

	Ormecon already succeeded to get first demonstration customers in Europe, while on the other side, only a few commercial orders for singular unique corrosion protection projects had been sold; therefore, mid of 1999, the strategy was changed and the major focus was on the PCB market without reducing the effort for corrosion protection products to Zero; this strategy change was successful
1996	July 3rd: Zipperling Kessler sells its compounding business with all assets to Clariant; at this time, Zipperling has > 300 employees and is highly profitable with an equity/debt relation of 45/55; Zipperling, since then acts as a pure holding company, holding 100% of the Ormecon shares
1996	In a plenary lecture on ICSM 1996, Wessling presents an overview about the recent basic scientific discoveries and the commercial applications now possible using Ormecon's polyaniline dispersions ("Scientific and Commercial Breakthrough").
1997	(priority date July 25) another key discovery was made and developed into a patentable process: polyaniline can form distinct complexes with certain metals, especially Fe, Cu and Zn; later, this invention proved to be the key principle of the Organic Metal's outstanding performance in corrosion protection and PCB (Cu areas) final finishing
1997	B. Wessling contributes a chapter to H. S. Nalwa's (ed.) "Handbook of Conductive Molecules and Polymers" with a subchapter about "Rheological phenomena and Structure Formation in Multiphase Polymer Systems"
1998	in a research cooperation with the group of Prof. Nimtz (Univ Cologne) and a group in India, Wessling finally concludes that during a first key dispersion step, Ormecon's polyaniline changes its character from being on the insulator side to the metallic side of the insulator to metal transition; oral presentation at the ICSM 1998; 12.-18. July 1998, Montpellier/ France: "Polyaniline on the Metallic Side of the Insulator-to-Metal Transition due to Dispersion: The Basis for successful Nano-Technology and Industrial Applications of Organic Metals", full paper: Synth. Met. 102 (1999), p. 1396-1399 these and following publications had been the result of an intensive research work which was also partially done in cooperation with Prof. A. Kaiser in New Zealand, during which the metallic character became more and more obvious, better and better understood
1996	ICSM 1996: Wessling presented another step towards to final conclusion about the metallic character of the Organic Metal
1996 - 2008	during the almost 13 years of Ormecon's company life, it grew from 7 to over 60 employees and introduced several products into the markets, the most successful one is ORMECON CSN, a final surface finish for printed circuit boards. Many more patents have been filed (see also patent system description here, status 1997)

	and scientific papers been published, partiallyalso after Ormecon was sold to Enthone in Sept 2008 (publication list)(more recent publications) some popular scientific articles promoting Ormecon technology: - about corrosion protection (in German) - Organic Metal technology (Chemistry in Britain) - introduction into the Organic Metal science (ACS Chemical Innovations) (original source) - ABC Science Online about corrosion protection
1996	another scientific breakthrough: Wessling succeeded to prove that conductive polymers can not be soluble; this was first presented at a symposium in Bayreuth (Germany). There are no publications (so far, 2013) showing any solid evidence that the facts and theoretical considerations shown and discussed in this paper are inappropriate, inconsistent or otherwise not correct; one can therefore be quite sure that conductive polymers are not soluble, and whatever other groups have published as "solutions" had in fact been dispersions
2000	it was later published as part of a broader article in the "Handbook of Nanostructured Materials and Nanotechnology" (H. Nalwa, ed; Academic Press), as chapter 10 "Conductive Polymers as Organic Nanometals", p 501 - 576
1998	(April) after AlliedSignal had sold its Polyaniline activities to Monsanto, the cooperation was first continued between Ormecon and Monsanto; however, soon after, Monsanto changed their strategy to completely focus onto agriculture and transferred all (former Allied Signal / Monsanto) polyaniline related patents to Ormecon
1998	the SEAM 1998 award was given to Bernhard Wessling for his pioneering contributions to science and technology of conductive polymers and to commercialising them. The presentation given at the conference where the SEAR award was presented was published in Synthetic Metals: "Dispersion as the link between basic research an commercialisation of Conductive Polymers", a paper which describes the key strategic role of "dispersion" in this area.
1998	first ORMECON CSN customers outside of Germany, in GB
1999 -	ORMECON CSN became successfully introduced in Korea; continuous development

2004	(one of which the patent application for and immediate market introduction of a whisker reducing process) and process improvements result in more and more OEM approvals and steadily increasing market share
2000	ICSM 2000: Ormecon presents 6 papers; the organizers (Prof. Sariciftci and his group) and B. Wessling had initiated to sponsor an „Industrial Award" for the most striking and most promising research presented on each ICSM; Wessling was the jury speaker, Prof. Heeger and others were part of the jury; Wessling's speech on the conference dinner announcing that the first Industrial Award was given to Bertram Batlogg and Hendrik Schoen; only much later, it became evident that Hendrik Schoen had published massive amounts of fake results (1 example showing "this article has been retracted")
2000	Covion (later part of Avecia which later became part of Merck KGaA) acquired a license from Zipperling for the use of polyaniline in OLEDs
2001	(February) a patent license was transferred to the Finnish Polyaniline producer Panipol whose products infringed Zipperling / Ormecon patents, in return, Ormecon got a minority shareholder position in Panipol
2001	(March) Zipperling grants a license to Bayer for their conductive polymer PEDOT („Baytron P") which infringed basic Zipperling patents; press release and article in "Chemical Week"; later, „Baytron" was marketed by the former Bayer subsidiary H.C. Starck, which was taken over by Heraeus, now their PEDT is marketed under „Clevios" tradename
2000	(August) Ormecon / Zipperling grant a license to DuPont (USA); the license agreement replaced a former cooperation agreement which started in 1998; in a subcontract type of R+D project, Ormecon (based on the license agreement) resolved a serious production problem DuPont had while using Polyaniline
1999 - 2001	Wessling tries to establish a Joint Venture in China (ChangChun), together with the Chinese Academy of Science (Univ. of ChangChun); the attempt fails in spite of intensive negotiations, because the JiLin Province Government requires also transfer of technology, not only intermediate products; Wessling refuses, and even a final negotiation round during 2001 an official visit to China as a member of the business delegation accompanying Germany's Federal Chancellor Gerhard Schroeder (hereanother article in German, and an older newslink) (Nov 2001)
2001	September 11: Wessling is in Wisconsin / US, he is actively involved in a Whooping Crane Recovery project he developed and supplied the technology how to communicate with the isolated-reared Whooping Crane chicks (more about crane vocalisation); the terrorists attack are seriously impacting Ormecon's financial basis, while for 2001, break even was already reached, 2002 (due to the collapsing market), Ormecon's financial status was affected

2003	(March) several Venture Capital Investor Funds under the leadership of Emerald Technology Ventures (former name „Sustainable Asset Management") invest in Ormecon and receive 33% of the shares
2003	(July) Ormecon acquires the residues of the insolvent Unicron GmbH and establishes ORMECON CSN chemicals and surface finish subcontract production in Kirchheimbolanden, and acquires the remaining half of the ImSn business owned by the former marketing partner Florida Cirtech (USA)
2004	Ormecon grants a patent license to Nissan Chemicals Industries (Japan) and enters into a cooperation agreement with them; later, also a joint patent application is filed describing a joint invention
2004	(priority date Jan 23) patent application describing dispersions which allow the deposition of polyaniline (Organic Metal) films having a conductivity of higher than 300 S/cm; Ormecon later achieved even around 1,000 S/cm.
2004	first groundbreaking Nanofinish patent application; however, this process did not allow a visible surface nano-finish, also during reflow not stable against discoloration, hence research continued and resulted in
2006	(priority date October 6) in the final Nanofinish process, here described in a technical magazine; the process was laterintroduced into the market by Enthone under the trademarks OrmeSTAR Ultra and ENTEK OM, resp.
2005 - 2006	in a serie of joint research projects with Prof. Krichnichnyi, focussing on EPR studies, it was possible to measure the intrinsic conductivity of the inner core of the primary particles of Ormecon's Organic Metal Polyaniline, it was found to be in the range of several 1,000 to several 10,000 S/cm (possibly 65,000 S/cm), 3 papers resulted, 2005, 2006 (1) and 2006 (2).
2005	(priority date Aug 19) patent application describing a new hole injection layer for polymer OLEDs (PLEDs) which deliver a much higher stability; the principle of the invention is that a Polyaniline-Indium complex is formed which strongly reduces the tendency of the ITO to become degraded.
2005	(April) B. Wessling decides to intensively work in China in order to save the just only a few years old China ORMECON CSN business which was in a critical stage;
2006	Ormecon China is established as a wholly owned foreign entity (registred in Nantong); in 2007 China has become the country with the biggest turnover (in CSN finish), surpassing Korea which was No. 1 since 2001
2007	Wessling starts learning Chinese

2011	he describes his personal and business experiences in China in a book ("Here they call me 'Laowei'"), in the meantime available in 2 German and 2 English editions, 1 English edition was published in China by the BeiJing located China Intercontinental Press", available from these sources and from the author
2008	September 3rd: Enthone acquires 100% of the shares in Ormecon GmbH; for some period of time, Ormecon continues to exist as a company (Enthone GmbH subsidiary), later it is merged with Enthone GmbH; at the time of acquisition, Ormecon has more than 60 employees, an already well established business with ORMECON CSN in Europe, USA, China, Korea and Japan (including CSN subcontracting facilities in Germany, USA, Korea, Japan and China), and an emerging corrosion protection business, mainly in Germany, Japan and Brazil
2009	on SMTA (a technical conference focussing on assembly), presentation of OrmeSTAR Ultra assembly properties
2010	further publications about Nanofinish technology, e.g. this one, also the Immersion Tin process ORMECON CSN was successfully improved: full solderability with only 30% of the previously necessary Tin thickness (SMTA 2010)
2011	HKPCA show: presentation about Nanofinish
2010	parallel to the beginning introduction of the Nanofinish technology, a powerful anti-corrosion wax was developed at Enthone NanoScience Center Ammersbek (the former Ormecon site), with intensive scientific and technological support and advice by B. Wessling; a joint patent application was filed together with Nissan Motors where the performance tests had been run
2010	the biannual ICSM was held in Kyoto (Japan), Wessling gave an oral presentation "New insight into Organic Metal Polyaniline Morphology and Structure" which was later published as full paper in "Polymers"
2011	the major competitor for ORMECON CSN, the German company Atotech (a Total subsidiary) entered into a license agreementwith Enthone as their Immersion Tin process infringed an older Enthone patent
2011	Nov 9-11: TPCA PCB trade show and technical conference are also used for the promotion of ORMECON CSN and Nanofinish
2012	(August) Dr. Bernhard Wessling establishes his own technology consulting company in China
2012	(August) Patent application "Chemical coating process unit with low turbulence flow" (propeller technology), German priority application

2013	(February) his attempts to learn Chinese have lead to at least some satisfactory level, here presenting 2 jokes in Chinese on the Enthone Annual Dinner
2013	(August) PCT application (worldwide)
2014	(February) Propeller technology patent application publication (worldwide) WO2014023745A1
2016	(January) First propeller line
2016	(February and July) Publications together with Helmut Baumert of the new turbulence theory for non-newtonian liquids, conference paper and publication in Physica Scripta

Antwortbrief von Prof. Ilya Prigogine auf eine Bitte um Diskussion

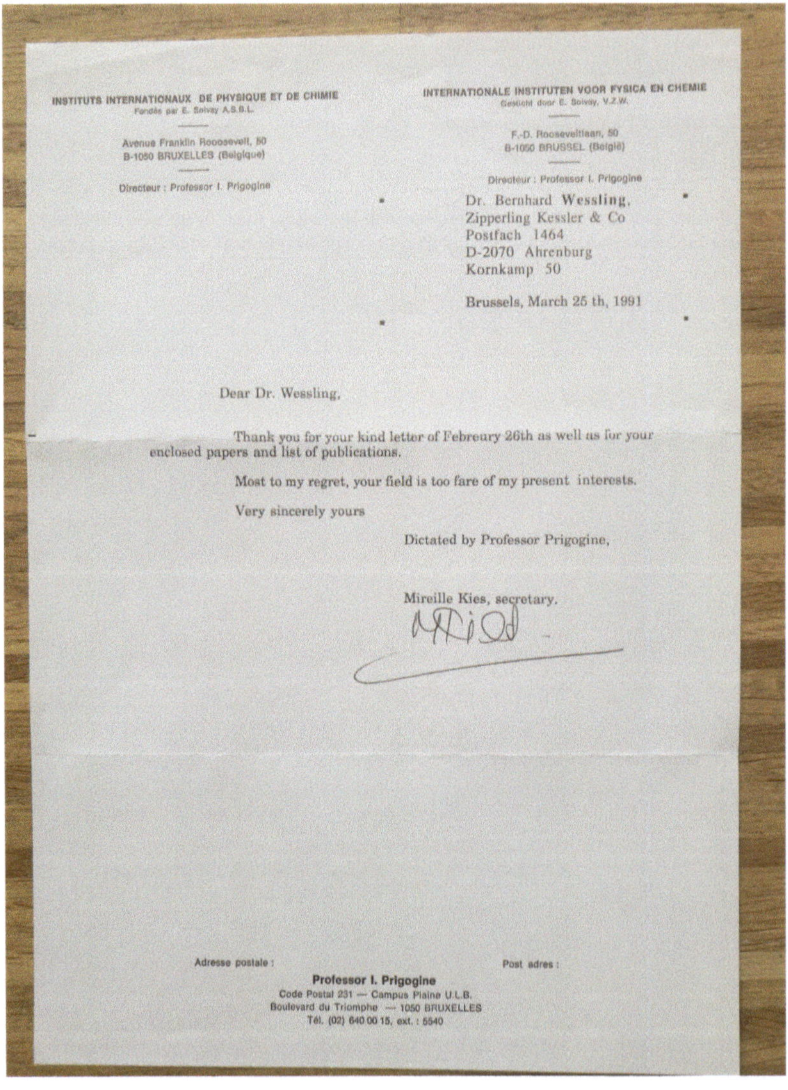

INSTITUTS INTERNATIONAUX DE PHYSIQUE ET DE CHIMIE
Fondés par E. Solvay A.S.B.L.

Avenue Franklin Roosevelt, 50
B-1050 BRUXELLES (Belgique)

Directeur : Professor I. Prigogine

INTERNATIONALE INSTITUTEN VOOR FYSICA EN CHEMIE
Gesticht door E. Solvay, V.Z.W.

F.-D. Rooseveltlaan, 50
B-1050 BRUSSEL (België)

Directeur : Professor I. Prigogine

Dr. Bernhard **Wessling**,
Zipperling Kessler & Co
Postfach 1464
D-2070 Ahrenburg
Kornkamp 50

Brussels, March 25 th, 1991

Dear Dr. Wessling,

Thank you for your kind letter of Febreury 26th as well as for your enclosed papers and list of publications.

Most to my regret, your field is too fare of my present interests.

Very sincerely yours

Dictated by Professor Prigogine,

Mireille Kies, secretary.

Adresse postale :

Post adres :

Professor I. Prigogine
Code Postal 231 — Campus Plaine U.L.B.
Boulevard du Triomphe — 1050 BRUXELLES
Tél. (02) 640 00 15, ext. : 5540